Enfermedades del PERRO

HELGA BREHM

Enfermedades del PERRO

Manual de consulta para los propietarios de perros

EDICIONES OMEGA, S.A.
Plató, 26 - 08006 Barcelona

Todos los datos de este libro han sido rigurosamente comprobados y proporcionan los más nuevos conocimientos en el momento de su publicación. Sin embargo, y debido a que éstos se desarrollan y multiplican a gran velocidad, todo aquel que desee ponerlos en práctica deberá comprobar si no han sido superados por otros más modernos. Así por ejemplo, en lo que se refiere a los consejos sobre los tratamientos, se deberá consultar con el veterinario, leer los prospectos de los medicamentos y tener en cuenta las instrucciones para su administración y las normas vigentes.
Con 25 ilustraciones en blanco y negro de Marianne Golte-Bechtle (6: págs. 40, 41, 43, 44, 45 abajo, 119 abajo), Eva Hohrath (1: pág. 13) y Schwanke & Raasch (18: todas las restantes), 7 fotografías en blanco y negro de la autora (5: págs. 83, 109, 112, 113 arriba, 113 abajo) y del archivo de la Clínica Veterinaria de Hohenheim (2: págs. 110, 111) así como 38 fotografías en color de la autora (14), archivo fotográfico Juniors (3: guarda Liebold, págs. 31, 136 Heitmann), Eva-Maria Krämer (8: págs. 2, 9, 26, 27, 29, 53, 104, 134), Werner Layer (2: págs. 49, 50), Lothar Lenz (2: págs. 34, 132), departamento de parasitología de la Universidad de Hohenheim (2: págs. 89, 90), Ingeborg Polaschek (3: págs. 12, 14 arriba, 46), Reinhard-Tierfoto (1: pág. 122) y Brigitte Stöber (1: pág. 70) así como del archivo de la Clínica Veterinaria de Hohenheim (2: págs. 91, 92).

Fotografías de la cubierta: Eva-Maria Krämer (anterior) y archivo fotográfico Juniors/Botzenhardt (posterior).

La edición original de esta obra ha sido publicada en alemán por la editorial Franckh-Kosmos Verlags-GmbH & Co., Stuttgart, con el título
HUNDE-KRANKHEITEN

Traducido por **Ana María Gutiérrez**

Diseño de la cubierta **Cèlia Vallès**

ISBN 84-282-1079-9
Depósito legal B. 7.344-1996
Printed in Spain
EGS - Rosario, 2 - Barcelona

Índice de materias

Higiene y medidas preventivas

El perro debe realizar el ejercicio adecuado a su especie.

La mayoría de la gente espera de un perro sociabilidad, iniciativa social y comunicación no sólo con el animal sino también con otras personas a través de éste. Sin embargo, al mismo tiempo hay que ser consciente de que un perro comporta una dedicación considerable y, también, obligaciones.

Obligaciones de los propietarios de perros

La posesión de animales se define muy claramente en la ley de protección de animales: "El que tenga o esté a cargo de un animal, 1° tiene que alimentar, cuidar y alojar convenientemente al animal de acuerdo con su especie y sus necesidades, y 2° no debe limitar la posibilidad del animal de realizar el ejercicio adecuado a su especie de forma que le cause dolor o daños evitables."

Así pues, antes de la compra de un perro hay que informarse bien y no tomar una decisión errónea para el futuro perro llevados por los sentimientos. Nuestras repletas residencias de animales ofrecen cobijo a todas estas decisiones equivocadas.

Tanto si se decide por un perro de raza como por un animal híbrido, puede que su elección sea la correcta. Únicamente tiene que tener claras las obligaciones que va a contraer en el futuro, y debe estar dispuesto a soportarlas durante los próximos 10 o 20 años.

En el caso de los perros de raza resulta más fácil hacer una valoración, ya que hay suficientes libros así como personas de la Real Sociedad Central de Fomento de las Razas Caninas que le aconsejarán gustosamente. En el caso que sea híbrido, a ser posible tiene que conocer a la madre de su futuro perro; a veces también se conoce al padre, de modo que es posible hacerse una idea del tamaño y de las posibles características del cachorro.

Desde luego, los híbridos no siempre son los perros más vitales y sanos, si bien mi propia experiencia como orgullosa propietaria de un híbrido de Perro de aguas, Schnauzer y Spitz de 12 años, que hasta el momento sólo ha necesitado las vacunas y curas antiparasitarias profilácticas, es muy positiva. Los animales híbridos pueden presentar exactamente las mismas enfermedades hereditarias que las razas de partida. Debido a la falta de clasificación de las enfermedades de los perros híbridos, existe la opinión generalizada de que éstos son especialmente robustos, si bien esto no está estadísticamente demostrado.

En mi opinión, al adquirir un perro lo importante es la consideración del sexo. Por norma general, las hembras son más tranquilas y más fáciles de educar; en cambio, están en celo dos veces al año. La experiencia me dice que los machos son más testarudos y difíciles de manejar. Es verdad que los machos no están en celo pero sufren bajo el celo de las hembras y, entonces, son extremadamente desobedientes.

Si se tiene varios perros, hay que estar preparado en dos aspectos: si los animales son del mismo sexo pueden producirse luchas jerárquicas hasta que un perro se impone como jefe. Si son de sexos diferentes, hay que decidir lo que se hace con la hembra durante el celo si no se quiere o no se puede criar.

Si se decide a adquirir un perro, éste necesita un lugar adecuado. Las variaciones sobre este tema son enormes. Un pequeño Yorkshire Terrier tiene unas necesidades completamente distintas a las de un Bouvier de Berna. En cualquier caso, los perros son animales de manada y necesitan contacto social.

El lugar de reposo del perro tiene que encontrarse en una esquina sin corrientes de aire y tranquila. Depende de usted o del perro el que utilice una cesta o un colchón; la cesta debe ser siempre lo suficientemente grande como para que el perro se pueda desperezar cómodamente. Son aconsejables unas colchas o fundas fáciles de lavar, ya que también hay que cambiar cada semana la "ropa de cama" del perro. La experiencia nos enseña que un perro que es mantenido en casa ocupa varios lugares, ya que también quiere estar con su amo. Es aconsejable por motivos educativos que el perro disponga de un lugar de reposo establecido en el que pueda pasar el rato sin ser molestado.

Naturalmente, los paseos diarios también sirven para que su perro permanezca sano. Las necesidades de correr varían mucho según la raza, la edad y la condición del perro. Sin embargo, son necesarios como mínimo cuatro o cinco paseos diarios para que el perro pueda hacer sus necesidades, independientemente del tiempo que haga.

Si vive usted en la ciudad y las únicas zonas verdes de que dispone también son utilizadas por personas que no tienen perros, llévese una bolsa de plástico vieja o un papel de periódico y recoja los excrementos de su perro. De esta forma contribuirá a la desaparición de la hostilidad hacia los perros.

El cuidado del cuerpo

Para poder practicar el cuidado del cuerpo del perro, tiene que acostumbrarle a ello desde muy temprano, es decir, de cachorro. Para el cuidado del pelaje hay que acostumbrar al perro al cepillado como si se tratara de un juego y no cuando ya tiene el pelo enredado y se le hace daño al peinarle. Cuando haya acabado, hay que premiarle con chucherías o palabras cariñosas y, de esta forma, no tendrá ningún problema con el animal. Así se mantiene la confianza básica entre usted y su perro.

La piel y el pelaje

Éstos requieren un cuidado esmerado. No sólo para que el perro tenga el aspecto típico de la raza sino también porque de esta forma se evitan enfermedades. En los perros de pelo corto, el cuidado es menos complicado que en los de pelo largo. Si es corto el pelaje debe ser tratado una vez a la semana con cepillos o guantes con botones. Los pelos sueltos deben ser eliminados especialmente durante la muda del pelaje.

Hay que peinar regularmente (cada dos días, con un peine de metal de púas gruesas) a los perros de pelo largo y fino para evitar que los pelos se enreden. Ya verá como no sólo recogerá pelos sino también polvo, posibles bardanas, aristas o garrapatas todavía no adheridas por succión.

Los perros sanos sólo deben bañarse cuando sea totalmente necesario. Para ello hay champús especiales para perros y que no dañan la piel, especialmente adecuados para las razas que deben acudir al peluquero cada seis semanas.

De lo contrario, yo recomiendo frotar la cabeza y el lomo del perro después de un paseo bajo la lluvia y lavarle las patas y el abdomen sucios con agua clara y, después, secarlos. Si es imprescindible bañar al perro porque se ha revolcado en estiércol u otras inmundicias, vigile que el champú no se introduzca en los ojos ni en los conductos auditivos. Después, seque al perro con toallas o un secador de pelo.

Las patas y las uñas

Las patas requieren un cuidado especialmente esmerado. En los perros de pelo largo, la suciedad se acumula entre los dedos y, en invierno, hielo y nieve. Por eso, después de cada paseo hay que controlar las patas y, en caso necesario, limpiarlas. Resulta bastante eficaz cortar los pelos largos, lo cual evita la formación de eccemas interdigitales dolorosos, pero para ello debe utilizar unas tijeras con las puntas redondeadas para no dañar al perro si se resiste. Al mismo tiempo, hay que examinar los espacios interdigitales en busca de cuerpos extraños tales como piedrecitas, aristas, etc.

Además, tiene que prestar atención a las uñas. Si el perro anda normalmente, las uñas se gastan por el roce sobre el empedrado. Pero los perros que siempre andan sobre suelo blando o los perros viejos que ya no andan mucho no desgastan

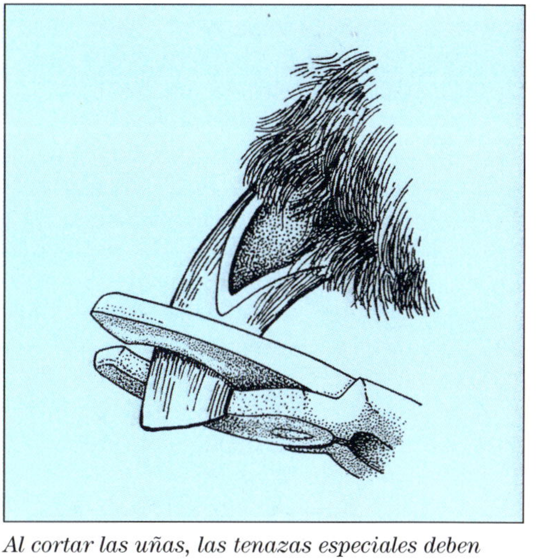

Al cortar las uñas, las tenazas especiales deben colocarse por debajo del vaso sanguíneo.

las uñas. Por este motivo, hay que cortarlas cuando las uñas sobresalgan de la yema de los dedos. En todos los casos hay que controlar regularmente las uñas del pulgar de las patas anteriores y las uñas de lobo de las patas posteriores. Estas uñas no tocan el suelo y no se desgastan.

Hay unas tenazas especiales para cortar las uñas, y en los perros pequeños también se puede utilizar un cortaúñas como para los seres humanos. Al cortar las uñas hay que tener cuidado con el vaso sanguíneo central. Si la uña es clara, se ve bien por dónde discurre el vaso sanguíneo, pero en las uñas oscuras resulta más difícil. En tal caso se puede limar cuidadosamente la uña o dejar que sea el veterinario el que se ocupe de ello.

Las orejas

El control regular de las orejas también forma parte del cuidado del cuerpo. A los perros con un crecimiento del pelo intenso hay que arrancarles los pelos situados en la entrada del conducto auditivo una vez al mes para que éste esté mejor ventilado. Para ello se puede utilizar los dedos o unas pinzas anatómicas. No se preocupe, los pelos no están muy arraigados. No los corte nunca con unas tijeras, ya que si el perro se resiste hay el peligro de lesionarle, y los trozos cortos de pelo pueden caer dentro del conducto auditivo y obstruirlo.

Si descubre algún tipo de suciedad en el pabellón auditivo, puede limpiarlo con toallitas especiales o con un limpiador para las orejas o aceite para la piel. La limpieza del conducto auditivo debe realizarla el veterinario.

Si su perro tiene problemas de inflamación del oído, consulte a su veterinario cómo debe tratar las orejas después de la curación de la inflamación. No soy partidaria de la utilización obligatoria de "limpiadores para las orejas", ya que sólo destruyen la flora germinativa natural del oído. Sólo en los perros problemáticos con los conductos auditivos muy estrechos puede ser de ayuda, en casos aislados, una utilización regular.

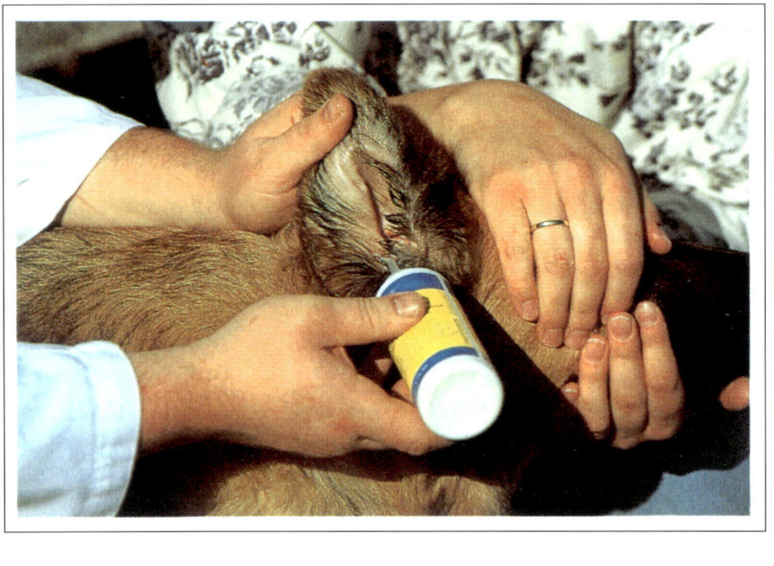

En los perros con problemas de oído es necesaria una limpieza regular de los conductos auditivos.

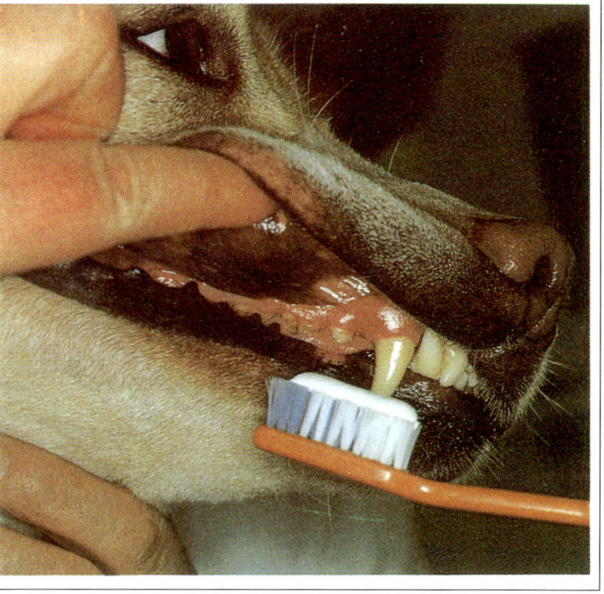

La limpieza regular de la dentadura previene la formación de sarro.

Los ojos

Examine los ojos del perro con frecuencia. Las secreciones que se han acumulado en el ángulo del ojo situado en dirección a la nariz deben ser eliminadas cuidadosamente con toallitas especiales o un pañuelo de celulosa húmedo. Si ya se ha formado un canal de secreción, que es especialmente fácil de detectar en los perros de pelo claro, o ha descubierto que la conjuntiva palpebral está muy enrojecida, acuda inmediatamente al veterinario.

La dentadura

Hay que limpiar los dientes del perro una vez a la semana. Los dientes se limpian fácilmente con un cepillo de dientes blando y una pasta dentífrica especial, y ello previene la formación de sarro. Al mismo tiempo, puede controlar la dentadura en busca de dientes poco seguros, rotos o agrietados, ya que los perros no suelen presentar síntomas claros como nosotros los hombres.

La limpieza de la boca, especialmente de los labios, evita la aparición del temido eccema labial de determinadas razas. Asimismo, contribuye a la higiene de la casa, ya que la mayoría de los perros tienen

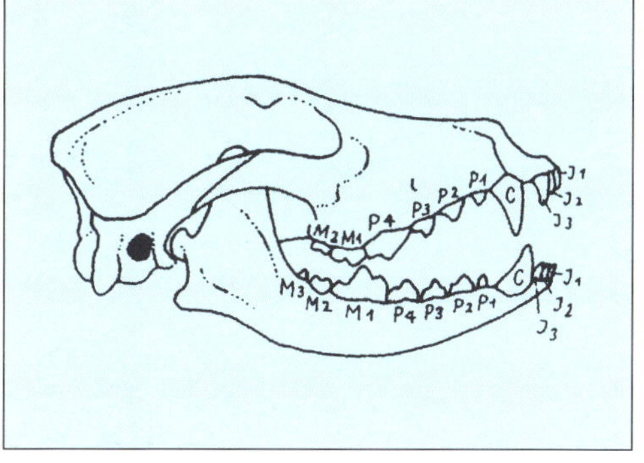

La dentadura del perro.

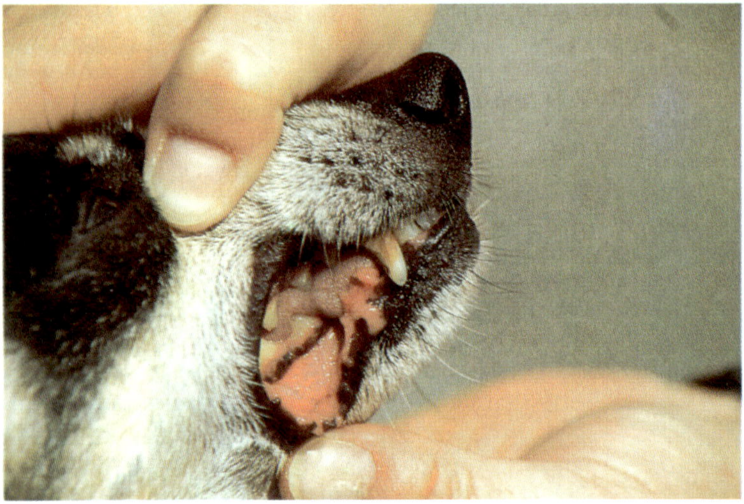

El sarro provoca mal aliento e inflamación de las encías. Por este motivo debe ser eliminado.

un instinto de limpieza desarrollado y, de no ser así, se limpian los restos de comida de la boca en la alfombra.

El ano

Los perros de pelo largo y defecación blanda tienen tendencia a ensuciarse la región anal. Después de cada defecación, controlada por un propietario meticuloso, hay que eliminar los posibles restos de suciedad con un pañuelo de papel o papel higiénico. De lo contrario la suciedad se empasta, o el perro intenta arreglárselas solo, pero con frecuencia no llega al ano y se lame los pelos de alrededor enredándolos. En los perros desatendidos, más de un veterinario ha tenido que combatir las larvas de mosca en esta región.

Los genitales

Los genitales externos de las hembras deben ser controlados especialmente durante el celo y después de este periodo para observar su evolución. Si la hembra

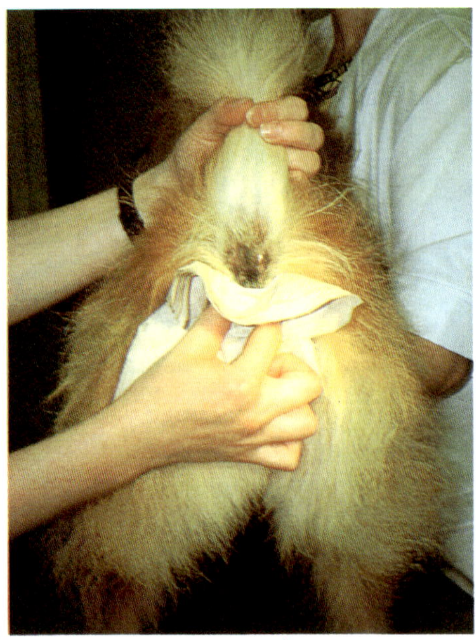

Las obstrucciones de la bolsa anal deben vaciarse mediante una ligera presión sobre el ano.

está en celo, tiene usted que procurar a los animales que viven en casa una “pieza de ropa de protección”, ya que las gotas de sangre no sólo provocan manchas en la alfombra muy difíciles de quitar sino que también son un caldo de cultivo ideal para las bacterias.

En los machos, el aumento de secreción del prepucio es un signo de inflamación, que debe ser tratada por el veterinario.

La alimentación

La correcta alimentación del perro no sólo contribuye a que crezca, rinda y sea fértil sino que también previene enfermedades o puede ser decisiva para el tratamiento de enfermedades. Puede usted alimentar óptimamente a su perro tanto con alimentos industriales como de elaboración propia, éstos sólo deben estar adaptados a sus necesidades.

Los componentes alimentarios

Las proteínas

Las proteínas (albúminas) están integradas por pequeños componentes, los aminoácidos. El cuerpo del perro es capaz de sintetizar por sí mismo muchos aminoácidos, pero hay diez aminoácidos que no puede crear; éstos deben ser aportados a través de la alimentación. Generalmente, la albúmina animal tiene un contenido bastante más alto en aminoácidos esenciales que las proteínas vegetales.

Aminoácidos esenciales

Arginina	Lisina
Fenilalanina	Metionina
Histidina	Treonina
Isoleucina	Triptófano
Leucina	Valina

Pero también hay que tener en cuenta la digestibilidad de las proteínas. Generalmente, las proteínas vegetales se digieren peor que las animales. Una porción elevada de tejido conjuntivo en la carne reduce la digestibilidad en comparación con la carne puramente muscular.

Para poder comparar mejor las proteínas, se introdujo la valencia biológica en % (VB). La VB informa de qué cantidad de las proteínas ingeridas a través de la alimentación es transformada en el organismo.

Valencia biológica de las proteínas en los componentes alimentarios (según Lewis, 1990)

Huevos	100 %
Leche	92 %
Hígado	79 %
Carne de vaca	78 %
Harina de soja	67 %
Trigo	48 %
Maíz	45 %

Valoración de la calidad de las proteínas

- Contenido en aminoácidos esenciales.
- Digestibilidad.
- Valencia biológica en %.

Como fuentes proteicas se utiliza principalmente productos animales: carne de vaca, de caballo, de oveja, de venado, de conejo y de ave. Es mejor no utilizar carne de cerdo debido a la enfermedad de Aujeszky o, si se utiliza, sólo cocida.

De todas formas, la carne cocida es mejor aceptada y digerida, prescindiendo del peligro de transmisión de parásitos y de la infección por salmonela.

Los despojos tales como el estómago de buey tienen un contenido en proteínas más bajo que la carne muscular. Los pulmones son adecuados para las dietas reductoras, ya que tienen un gran volumen pero poca energía. El bazo, el hígado y los riñones tienen un efecto purgante si se sirven crudos. Sólo deben servirse cocidos o al vapor una vez a la semana.

El pescado debe darse siempre cocido, y hay que eliminar las escamas y las espinas.

La leche y los productos lácteos como la cuajada, el requesón y el queso contienen albúmina de gran valor biológico. Asimismo, los huevos son una de las mejores fuentes proteicas, si bien la clara sólo debe servirse cocida.

Proteínas

- Carne: ¡nada de carne de cerdo cruda! Añadir siempre calcio, sal yodada y vitaminas liposolubles.
- Despojos: poco hígado (si no intoxicación por vitamina A).
- Pescado: servir sólo cocido para matar a los parásitos e inactivar la tiaminasa (enzima destructor de la vitamina B_1).
- Leche: como máximo 20 ml por kg de masa viva (MV) al día, ya que la lactosa tiene un efecto purgante.
- Cuajada, requesón: en todos los casos añadir calcio.
- Huevos: la clara de huevo debe servirse únicamente cocida, ya que contiene el factor destructor de la vitamina H avidina y un inhibidor de la tripsina.
- El déficit de proteínas provoca trastornos del desarrollo, propensión a las infecciones y anemia.
- La sobrealimentación extrema de proteínas provoca enfermedades cutáneas, sobrecarga del hígado y de los riñones y déficit cálcico.

Las grasas

Las grasas no sólo son unos importantes suministradores de energía sino que también contienen los ácidos grasos esenciales, de vital importancia. Las grasas sólidas contienen, principalmente, ácidos grasos saturados y, en cambio, las grasas blandas y los aceites contienen una porción elevada de ácidos grasos no saturados, de los cuales una parte son ácidos grasos esenciales.

Porción de ácidos grasos no saturados en las grasas animales y vegetales

Tipo de grasa	Porción de ácidos grasos no saturados en %
Sebo de buey	52,4
Grasa de mantequilla	35,8
Aceite de pescado	60,0
Aceite de linaza	91,8
Aceite de cardo	89,8
Aceite de maíz	87,7

Grasas

- Las grasas y los aceites son suministradores de energía, por lo tanto son adecuados para situaciones en las que las necesidades energéticas aumentan (perros de trabajo, hembras en periodo de lactancia).
- Los aceites vegetales contienen una porción elevada de ácidos grasos no saturados.
- En grandes cantidades tienen un efecto purgante.

Los hidratos de carbono

También reciben el nombre de sustancias extractivas no azoadas (sin nitrógeno) y, por una parte, son unos importantes suministradores de energía (azúcar, almidón, glucógeno) y, por otra, son unos componentes esenciales de la alimentación canina como suministradores de fibra bruta o sustancias de lastre (celulosas, pectinas).

Hay que mezclar con la comida cereales triturados y salvado de trigo para aumentar la fibra bruta. Los copos de cereales, cuya digestibilidad mejora considerablemente mediante el proceso de elaboración, son unos suministradores de energía apropiados. El arroz hervido y sin pelar, un buen suministrador de energía, contiene numerosas vitaminas hidrosolubles.

Hay que utilizar verdura cruda como complemento de fibra bruta, p. ej. espinacas, lechuga, perejil, tomates y calabacín. Las patatas, que deben servirse preferentemente hervidas con piel, son suministradoras de energía.

La fruta puede ser utilizada como suministradora de fibra bruta, pero la madura contiene mucho azúcar y, por consiguiente, da energía (sobre todo el plátano).

Hidratos de carbono

- Hidratos de carbono como suministradores de fibra bruta: cereales triturados, salvado de trigo, fruta, verduras.
- Hidratos de carbono como suministradores de energía: arroz, patatas, copos de cereales, sémola, pan y pasta, frutas maduras.
- El pan y la pasta de harina refinada no tienen ningún valor nutritivo aparte de la energía.
- El exceso de hidratos de carbono provoca adiposis.
- La abundancia de fibra bruta en la dieta provoca una reducción de peso.
- La escasez de fibra bruta en la dieta provoca problemas de defecación.

Las sustancias minerales y los oligoelementos

El **calcio** es importante para la estructura ósea, la función muscular y la formación de leche. Los huesos en polvo y las harinas animales y los productos lácteos (queso, leche desnatada en polvo) contienen un elevado porcentaje de calcio. Un déficit de calcio provoca trastornos graves en el desarrollo del esqueleto y, en las hembras en periodo de lactancia, eclampsia. Un exceso de calcio reduce la absorción de fósforo, magnesio y cinc a través del intestino.

El **fósforo** es tan importante para la estructura ósea como el calcio y estimula una serie de procesos metabólicos. Los alimentos ricos en fósforo son la carne, el corazón, los despojos, los huesos en polvo y las harinas animales y los cereales. Un déficit de fósforo provoca raquitismo. Un exceso de fósforo provoca osteodistrofia, la formación de cálculos urinarios o una sobrecarga de los riñones, que se ven forzados a excretar más fósforo de lo normal.

El **magnesio** es importante tanto para el metabolismo óseo como para la transmisión de estímulos por parte de los nervios y la contracción muscular. Además de en la harina refinada y en las grasas, se encuentra en cantidades suficientes en todos los componentes alimentarios. Un déficit de magnesio provoca debilidad muscular, calambres y un desarrollo insuficiente del tejido conjuntivo.

El **sodio** se encuentra en el sistema óseo y en la sangre y regula el balance hídrico en el cuerpo. La panza, el hígado, las ubres, los huesos en polvo y los copos de maíz contienen suficiente sodio. El déficit de sodio provoca la deshidratación del cuerpo y trastornos circulatorios. El exceso de sodio acompañado de un déficit de agua provoca intoxicación con calambres y, finalmente, la muerte.

El **potasio** se encuentra en el cuerpo principalmente en las células y, al igual que el sodio, regula el equilibrio ácido-base. Se encuentra en cantidades suficientes en todos los alimentos excepto en el arroz sin cáscara, la harina refinada, las grasas y los azúcares. El déficit de potasio provoca un descenso del crecimiento de los perros jóvenes.

El **cloro** es un componente importante de los ácidos gástricos. Dado que el cloro está estrechamente relacionado con el sodio (la sal común es cloruro sódico), las necesidades de cloro están cubiertas en la alimentación.

El **yodo** es importante para la formación de hormonas de la glándula tiroides. Los despojos, la carne, el arroz y los cereales altamente refinados contienen poco yodo. El déficit de yodo provoca el bocio.

El **cobre** es importante para la formación de sangre y pigmento. El corazón, el hígado, las ubres y las panzas tienen un alto contenido en cobre. El déficit de cobre provoca anemia, alteraciones cutáneas y del cuero cabelludo y trastornos óseos.

El **manganeso** es un componente de un gran número de enzimas. La leche, los productos derivados de los huevos y los pulmones contienen manganeso.

El **flúor** es un componente del sistema óseo y de los dientes. Este mineral puede encontrarse en grandes cantidades en el agua potable y en los huesos en polvo. El exceso de flúor provoca decoloraciones dentales, osteoporosis y abortos.

El **selenio** es importante para el metabolismo celular. El hígado y los riñones presentan un alto contenido en selenio. El déficit de selenio provoca alteraciones del crecimiento. El exceso de selenio provoca anemia y enfermedades hepáticas.

El **cinc** es un componente de numerosos enzimas y es especialmente necesario para el metabolismo de la piel y del cabello. La carne de vacuno, el hígado, el corazón y los pulmones, p. ej., contienen cinc en cantidad suficiente. El déficit de cinc provoca enfermedades cutáneas.

Sustancias minerales y oligoelementos

- Los alimentos preparados contienen elementos cuantitativos (calcio, fósforo, magnesio, sodio, potasio, cloro) y oligoelementos (flúor, yodo, cobre, manganeso, selenio y cinc) en cantidad suficiente y en la proporción de mezcla adecuada.
- El calcio y el fósforo deben presentar siempre una proporción de 1-1,2 g de calcio a 0,8-1 g de fósforo por 100 g de sustancia nutritiva seca.
- Las necesidades cálcicas son más altas en los perros en edad de crecimiento y en las hembras que amamantan.
- Añadir sal yodada y calcio a la alimentación a base de carne.

Las vitaminas

Las vitaminas son de vital importancia para los perros, pero sólo se necesitan en cantidades reducidas.

Vitaminas liposolubles

La **vitamina A** está presente en grandes cantidades en el hígado, la leche y la yema de huevo. Dado que los perros son capaces de transformar en vitamina A el betacaroteno vegetal, las plantas verdes tales como la lechuga, las espinacas y, asimismo, las zanahorias también cubren sus necesidades. El déficit de vitamina A provoca enfermedades oculares y cutáneas. El exceso de esta vitamina provoca descalcificación ósea.

La **vitamina D** se encuentra en grandes cantidades en el hígado, la leche, los huevos, el aceite de pescado y el aceite de hígado de bacalao. El déficit de vitamina D provoca raquitismo. El exceso tiene como consecuencia diarreas, arterioesclerosis y pérdidas de peso.

La **vitamina E** se encuentra en grandes cantidades en los gérmenes cereales y los aceites vegetales. El déficit de vitamina E provoca enfermedades del corazón y de la musculatura esquelética y abortos en las hembras preñadas.

La **vitamina K** es producida en cantidades suficientes por las bacterias intestinales. La harina de pescado, el hígado y las hortalizas verdes son ricos en vitamina K que es un factor importante para la coagulación sanguínea.

Vitaminas hidrosolubles

Complejo vitamínico B: la levadura, la carne de cerdo y el germen de trigo presentan un alto contenido en vitamina B_1. Su déficit provoca trastornos del sistema nervioso central.

La vitamina B_2 se encuentra en concentraciones elevadas en la levadura, la harina de pescado y los riñones. El déficit de vitamina B_2 provoca debilidad muscular, piel seca e hígado graso.

La levadura, los cereales y los órganos internos contienen vitamina B_6 en abundancia. Su déficit provoca trastornos del crecimiento y anemia.

La vitamina B_{12} está presente en cantidad suficiente en todos los alimentos de origen animal.

El ácido pantoténico se encuentra en todos los alimentos convencionales en cantidad necesaria.

La carne, los despojos, los pulmones, el corazón, las panzas, la levadura y el germen de trigo contienen un elevado porcentaje de ácido nicotínico. Su déficit provoca inflamaciones cutáneas, diarreas o alteraciones del sistema nervioso central.

La **vitamina C** está presente, principalmente, en el hígado, la fruta y las verduras. Sin embargo, los perros son capaces de sintetizar por sí mismos la vitamina C.

La **colina** está presente, principalmente, en la harina de pescado, los cereales y la soja molida. Las manifestaciones carenciales son muy raras.

Vitaminas

- El exceso de vitamina A provoca descalcificación ósea, y el exceso de vitamina D arterioesclerosis.
- La vitamina K y una parte de las vitaminas B son sintetizadas por las bacterias intestinales.
- El cuerpo del perro es capaz de sintetizar por sí mismo vitamina C.
- Los perros en edad de crecimiento, las hembras preñadas y en periodo de lactancia y los perros mayores tienen unas necesidades vitamínicas más altas.
- Remojar y hervir durante largo rato los alimentos destruye las vitaminas.

El agua

El organismo de los perros está formado por aproximadamente un 70 % de agua. Incluso una pérdida del 15 % del agua del cuerpo es mortal. El aporte de agua se realiza a través de la alimentación y de la ingestión de líquidos, pero el cuerpo también produce agua mediante procesos metabólicos.

La cantidad necesaria total de agua de los perros es de 40-200 ml por kilogramo de masa viva y día. El perro necesita beber más agua cuando la temperatura ambiental es alta, cuando realiza esfuerzo físico, p. ej. también en las hembras en periodo de lactancia. Por este motivo, el perro debe disponer de agua potable limpia a una temperatura no inferior a 10 °C.

En algunas afecciones, como vómitos, diarrea persistente, fiebre, hemorragias, enfermedades renales y diabetes, pueden presentarse pérdidas importantes de agua y provocar deshidratación (exicosis). Puede usted determinar si su perro la padece comprobando la elasticidad de la piel (véase pág. 40).

Agua

- El perro debe disponer en todo momento de agua potable a una temperatura superior a 10 °C. (¡Ojo a los perros que viven en perreras!)
- Los perros que reciben alimentos deshidratados (aprox. 10 % de contenido en agua), necesitan más agua potable que los perros que reciben alimentos húmedos (aprox. 80-90 %).
- Si hace calor, en caso de esfuerzo físico y de determinadas enfermedades, las necesidades de agua son más altas.

Los fallos en la alimentación

Para una alimentación sana del perro le remito a la bibliografía correspondiente; una explicación detallada sobrepasaría el margen de este libro. Pero me gustaría tratar los fallos en la alimentación que provocan o favorecen enfermedades.

El aporte excesivo de energía provoca **obesidad** (adiposidad). Todo el mundo sabe que los perros con sobrepeso padecen más dolencias físicas y tienen una esperanza de vida más baja. La obesidad favorece las enfermedades del corazón, del hígado y del esqueleto, la diabetes y las enfermedades cutáneas y provoca intolerancia al calor, estreñimiento y un mayor riesgo en caso de narcosis y de intervenciones quirúrgicas.

Usted es el único que puede ayudar al perro, ya que es usted quien lo alimenta. Pésele semanalmente, y confeccione una tabla. No le recomiendo un día de ayuno a la semana, porque la mayoría de los propietarios no lo resisten. No obstante, reduzca la cantidad de comida dándole al perro demasiado grueso tan sólo el 60 % de las necesidades de mantenimiento de su peso ideal, preferentemente repartida en tres raciones diarias. ¡Y no le dé restos de comida o chucherías entre horas! Puede utilizar alimentos dietéticos especiales o simplemente reducir la dosis en los alimentos únicos.

Si es usted quien prepara la comida, reduzca la porción de grasas y de hidratos de carbono de los alimentos. En lugar de carne de la cabeza utilice carne magra o pulmón, y aumente la porción de fibra bruta mediante salvado de trigo. Pero vigile que el contenido en vitaminas y minerales sea suficiente añadiendo a la comida una mezcla de minerales vitaminizada.

Asimismo, aumente el consumo energético del perro mediante paseos cada vez más largos. Cuando su perro haya alcanzado el peso ideal, vuelva poco a poco a la alimentación acostumbrada, pero siga comprobando el peso de su perro mensualmente y anotándolo en una tabla.

Una **dieta puramente cárnica** provoca trastornos de mineralización del sistema óseo graves en los perros en edad de crecimiento debido al aporte insuficiente de calcio y al exceso de fósforo.

Una **porción de carne demasiado elevada** en la dieta con un aporte energético suficiente provoca sobrepeso, dado que las proteínas también son utilizadas para producir energía. Además, favorece las enfermedades cutáneas. Si debido al aporte excesivo de carne llegan al intestino grueso proteínas no digeridas, ello provoca una fermentación defectuosa acompañada de unos excrementos blandos y malolientes.

La **carne de cerdo cruda** está absolutamente prohibida debido al peligro de contraer la enfermedad de Aujeszky, siempre letal para los perros.

La **alimentación de huesos** es muy peligrosa. Los huesos grandes y duros pueden provocar fracturas dentales. Los trozos de hueso o los huesos pequeños enteros, p. ej. vértebras, pueden quedarse atravesados en el esófago o en el intestino y causar una peligrosa oclusión. Los huesos afilados, por ejemplo de aves o conejo, producen lesiones en la boca o se quedan atravesados en el recto y atraviesan la pared rectal al presionar al defecar.

Pero también el exceso de huesos bien triturados provoca, especialmente en los perros adultos y mayores, excrementos óseos y estreñimiento. Dado que el cuerpo no necesita los minerales en tal cantidad, éstos no son absorbidos y se depositan en la pared intestinal. En el intestino grueso se le extrae el agua al contenido intestinal, y la consecuencia son unas "heces duras como huesos", que se quedan en la pared intestinal y no pueden ser transportadas. Esta obstrucción sólo puede ser eliminada mediante edemas atormentadores o con unas tenazas.

Si la alimentación de huesos no es tan excesiva y el perro todavía puede defecar por sí mismo, la presión fuerte reiterada puede provocar, especialmente en los machos más viejos, la formación de un desgarro perineal.

Los **alimentos en mal estado**, contaminados con moho o bacterias, pueden provocar graves intoxicaciones. El perro está amenazado por las toxinas formadas, que se reproducen con especial facilidad si se encuentran en un lugar cálido y húmedo. Así pues, los restos de comida de la escudilla deben tirarse a la basura.

Los **vómitos** pueden ser consecuencia de la alimentación. Los alimentos demasiado fríos o deteriorados, los huesos o, también, los fragmentos grandes de comida son vomitados. La ingestión de grandes cantidades de agua después de haber comido alimentos salados o secos también provoca vómitos.

Las **diarreas** pueden estar provocadas por una mala alimentación. Por este motivo, no hay que realizar cambios bruscos de alimentación, no hay que darle al perro carne en exceso, dulces ni patatas crudas, hay que servir la fruta y las verduras a trocitos y en pequeñas cantidades y darle hígado y otros despojos hervidos y como máximo una vez a la semana. El perro sólo debe recibir como máximo 20 ml de leche por kilogramo de masa viva, ya que la lactosa tiene un efecto purgante.

La **repleción o rotación gástrica**, un peligro especialmente en los perros grandes, puede prevenirse dándole al animal dos comidas al día. ¡Los alimentos deshidratados deben remojarse siempre en agua! Los alimentos de fácil fermentación como los hidratos de carbono y las proteínas vegetales no deben superar el 30 % de la dieta. Los alimentos en mal estado o contaminados están terminantemente prohibidos.

La alimentación de los perros enfermos

Dado que los regímenes no suelen tener mucho éxito entre los perros y que los cambios súbitos de dieta pueden causar problemas digestivos, es recomendable combinarlos, al principio, con la alimentación habitual:

1er día: 3/4 dieta habitual y 1/4 régimen
2° día: 1/2 dieta habitual y 1/2 régimen
3er día: 1/4 dieta habitual y 3/4 régimen
4° día: sólo régimen.

Cuando un perro enfermo se niega a comer, con frecuencia sirven de ayuda las caricias y las palabras cariñosas. Además, piense que el sentido del olfato también es muy importante para el perro a la hora de comer. Por este motivo, debe usted limpiar cuidadosamente los orificios nasales eventualmente tapados con un paño húmedo y calentar la comida a la temperatura del cuerpo para que las sustancias aromáticas se desplieguen mejor. Asimismo, un aumento del contenido en proteínas mediante la adición de comida especial para gatos aumenta la aceptación de los alimentos. También la mezcla de queso o leche ha tenido éxito en algunos perros.

Una vez que el perro ha empezado a comer, generalmente continúa; y entonces se le puede dar su dieta especial. A los perros enfermos hay que darles siempre raciones pequeñas varias veces al día para que el organismo pueda aprovechar correctamente los alimentos.

La alimentación en enfermedades infecciosas

Dado que, por norma general, las enfermedades infecciosas están acompañadas de fiebre, hay que vigilar que el aporte de líquidos y de energía sea suficiente y combinarlo con proteínas de alto valor biológico. Como bebida se puede utilizar caldo de carne de elaboración casera o una solución de glucosa.

En la mayoría de los casos, los animales prefieren los purés a los alimentos sólidos. Así pues, hay que darles carne de pollo hervida con arroz, cuajada con miel o alimentos infantiles en potitos. Pero debe tener siempre en cuenta que las necesidades de minerales y vitaminas son más altas. El veterinario y las tiendas de animales disponen de preparados adecuados en forma de pasta o de polvo.

La alimentación en enfermedades cardíacas

En la mayoría de los casos, los perros enfermos del corazón se mueven menos, por lo que es imprescindible adecuar el aporte energético al consumo. El aporte de sodio no debe superar los 8-10 mg por kilogramo de masa viva. En los alimentos preparados, el contenido en sodio es muy alto, por lo que si se utilizan alimentos preparados industriales hay que optar por un alimento dietético especial.

El perro no debe recibir corazón, riñones, embutidos, queso ni pan o productos de panadería. Si prepara la comida usted mismo, no debe utilizar el caldo de la carne o del pescado cocidos. En el caso de los cereales, no utilizar las cáscaras sino copos instantáneos, sémola de maíz, arroz mondado o pasta.

La alimentación en enfermedades gastrointestinales

Cada caso individual requiere un diagnóstico y un tratamiento por parte del veterinario, y las medidas dietéticas también deben tomarse de acuerdo con él.

Pero me gustaría que tomara en consideración algunos consejos básicos sobre los vómitos, la diarrea y el estreñimiento.

En caso de **vómitos** se produce un déficit de iones de cloro debido a la pérdida de ácidos gástricos. Por este motivo, hay que dar al perro té negro con un poco de sal, alimentarlo con sustancias con un alto valor nutritivo y fáciles de digerir como papilla de avena o de arroz con yema de huevo, una mezcla de vitaminas y una mezcla de sustancias minerales. Si el estado del perro mejora, se puede pasar a una alimentación más sólida, p. ej. carne de ave con arroz o cuajada magra con arroz.

En caso de **diarrea** se produce una pérdida de agua y de minerales intensa.

Por consiguiente, el perro debe disponer de suficiente agua con una mezcla de sustancias minerales o darle una infusión de manzanilla o té negro con glucosa (2-3 %) o caldo de carne. Con frecuencia, un día de ayuno con un aporte suficiente de líquidos contribuye a la normalización del tubo digestivo. Si el perro se recupera, se le puede alimentar como se describe en el apartado de los vómitos.

En caso de **propensión al estreñimiento**, hay que aumentar el contenido en fibra bruta de la alimentación mediante salvado de trigo, linaza triturada o verduras. El aceite de mesa, el hígado crudo, la leche o la lactosa tienen un efecto **purgante**. Asimismo, los paseos estimulan la actividad intestinal y previenen el estreñimiento.

La alimentación en enfermedades hepáticas

La dieta debe estar compuesta por albúmina, grasa e hidratos de carbono fáciles de digerir. El aporte de energía puede sobrepasar ligeramente las necesidades para no tener que recurrir a la albúmina endógena para la obtención de energía y sobrecargar adicionalmente el hígado.

Son recomendables la carne magra de vaca, la carne de pollo, el pescado y la cuajada magra. Como suministradores de energía hay que utilizar copos de cereales, arroz, patatas, glucosa o miel. El veterinario le recetará un medicamento adecuado para equilibrar el aumento de las necesidades de vitamina B.

La alimentación en enfermedades pancreáticas

En caso de **diabetes mellitus**, las células no pueden asimilar la glucosa debido a un déficit hormonal (carencia insulínica). En la mayoría de los casos, el tratamiento de esta enfermedad se basa en las inyecciones de insulina. Para poder determinar la cantidad de insulina es imprescindible practicar una alimentación regular y adecuada. El perro debe ser alimentado con proteínas altamente digeribles y pocos hidratos de carbono como patatas o habas de soja tres veces al día.

En caso de **déficit de enzimas digestivos** del páncreas, el perro no puede escindir y aprovechar los alimentos ingeridos. La ración de comida debe distribuirse en tres o cuatro porciones al día. La dieta adecuada debe contener albúmina fácil de digerir en forma de carne muscular o huevos y arroz hervido o copos instantáneos. En lo que se refiere a la adición de enzimas digestivos, siga las indicaciones de su veterinario.

La alimentación en enfermedades renales

En caso de **insuficiencia renal**, una disminución de la función renal, hay que prestar una especial atención al aporte de albúmina y al contenido en fósforo. No hay que superar los 60 mg de fósforo por kilogramo de masa viva al día. Está indicada la albúmina de alto valor en forma de cuajada magra y huevos. El perro debe disponer de suficiente líquido.

En caso de **cálculos urinarios** el perro también debe disponer de suficiente líquido. Las dietas especiales dependen de la composición de los cálculos urinarios y deben ser acordadas con el veterinario.

La alimentación en enfermedades cutáneas

No existe ningún régimen especial para las enfermedades cutáneas, pero, en cualquier caso, hay que comprobar el contenido de la ración de comida. Es importante el aporte óptimo de aminoácidos esenciales, ácidos grasos insaturados, oligoelementos como el cinc, el yodo y vitaminas tan importantes como la vitamina A, B_2, B_6, H y ácido nicotínico.

La alimentación después de intoxicaciones

Dependiendo del tipo de veneno, hay que contar con una lesión de distintos órganos. Por norma general, se trata de sustancias que dañan los órganos respiratorios, el tubo digestivo, el hígado, los riñones o la coagulación sanguínea. En las intoxicaciones respiratorias, la curación debe estar acompañada de un cuidado absoluto del perro y de una alimentación altamente digestiva y rica en hidratos de carbono con un aporte suplementario de vitaminas. En caso de trastornos de la coagulación sanguínea, se puede intentar compensar la pérdida de sangre dándole al perro bazo o hígado.

En caso de lesiones en el tubo digestivo, el hígado y los riñones, le remito a los apartados anteriores.

La alimentación antes y después de intervenciones quirúrgicas

Si no se trata de una emergencia y es posible preparar al perro, siga escrupulosamente las instrucciones del veterinario. Si no se prescribe lo contrario, cabe decir que la última comida debe realizarse a últimas horas de la tarde la víspera de la intervención, pero la ingestión de líquidos puede prolongarse hasta el día de la operación.

Después de la intervención, o cuando el perro sea dado de alta, siga de nuevo las instrucciones del veterinario. En general, es aconsejable darle al perro alimentos sabrosos y fáciles de digerir con albúmina de alto valor (ave, cuajada magra, carne muscular magra), arroz o copos de cereales con abundante vitamina A y vitaminas del complejo B tres o cuatro veces al día en pequeñas porciones.

Medidas preventivas

El marcaje del perro

Naturalmente, lo que no le desearía nunca a ningún propietario de un perro pero que, por desgracia, ocurre es que pierda al animal. Para que su perro pueda ser identificado de forma clara, tiene que estar bien marcado. Los tatuajes en la oreja o en la parte interior de la pata contribuyen a ello. Asimismo, la contramarca de uso corriente en muchos lugares, sujeta al collar, o un precinto o una placa de metal con el nombre del perro y el nombre, la dirección y el número de teléfono del propietario son de ayuda para identificar al perro.

La prevención de los parásitos

En el caso de los ectoparásitos, es decir, los parásitos que viven en la piel, el cuidado regular del pelaje (peinado y cepillado) permite la detección a tiempo, p. ej. de pulgas. Asimismo, la limpieza semanal regular del lugar de reposo reduce su propagación. Los collares antiparasitarios resultan útiles al aire libre para la prevención de las garrapatas. De todos modos, siga las instrucciones del veterinario (cuidado con los perros jóvenes).

En el caso de los endoparásitos como por ejemplo gusanos, la profilaxis empieza en la alimentación. Darle al perro únicamente pescado y carne hervidos. Enseñarle desde pequeño a no recoger nada durante los paseos y mantenerle alejado de los excrementos de otros perros. Si el perro vive en un perrera, es imprescindible retirar las heces a diario y limpiar el suelo una vez a la semana con un aparato de chorro de vapor.

Dado que los cachorros pueden infectarse de ascárides o anquilostomas aunque la madre haya sido correctamente desinfectada (véase pág. 90), hay que

Calendario de vacunas

Edad	Vacuna contra
6-8 semanas	parvovirosis, tos de las perreras
8-10 semanas	moquillo, HCC, leptospirosis
10-12 semanas	parvovirosis, tos de las perreras
12-14 semanas	moquillo, HCC, leptospirosis, rabia
recuerdo anual	leptospirosis, parvovirosis, tos de las perreras, rabia
recuerdo cada 1-2 años	moquillo, HCC

someterles regularmente a curas antiparasitarias.

Cachorros:

- Cura antiparasitaria a los 14 días.
- Cura antiparasitaria semanal hasta la edad de 8 semanas.
- Cura antiparasitaria cada tres meses hasta la edad de un año.
- Cura antiparasitaria anual antes de la vacunación o del control del ataque de gusanos mediante análisis regulares de las heces por el veterinario (aprox. cada 4-5 meses).

Hembras de cría:
2, 4 y 6 semanas después del celo. Después del parto, cada 14 días durante un periodo de 2 a 10 semanas.

Las vacunas

Básicamente, sólo deben ser vacunados los perros sanos y sin parásitos, ya que sólo éstos pueden formar suficientes defensas (anticuerpos).

No olvide que las vacunas no son tan sólo una protección casi perfecta contra las enfermedades en parte de evolución letal sino que también constituyen una protección para las personas, como en el caso de la rabia.

Los viajes con el perro

Lo que más le gusta al perro es estar con las personas estimadas en su entorno habitual. Por este motivo, como propietario de un perro hay que planificar las vacaciones con tiempo suficiente. Hoy en día, a los propietarios de perros no les resulta difícil ir de vacaciones con su mascota. El número de alojamientos en los que aceptan perros ha aumentado, pero debe usted informarse *antes* de hacer su reserva si el perro es bienvenido en el hotel, el apartamento o el cámping y qué gastos comporta para usted.

En los viajes cortos condicionados por el trabajo o los viajes más largos hay que pensarse antes si no es mejor que algún familiar, amigo o vecino cuide del perro. Algunos criadores también están dispuestos a hospedar a los perros.

Hay que renunciar a los viajes con el perro si éste está enfermo, si se tiene una hembra preñada o el animal es viejo.

La preparación del viaje

No hay que olvidarse del equipaje del perro: un collar para perro conveniente con una identificación suficiente, preferentemente dos correas, como mínimo una escudilla de comida y una de agua, sus objetos para dormir habituales como la cestita, la manta, etc., toallas para secar y limpiar al perro, un

Los cachorros deben ser acostumbrados poco a poco a los viajes en coche.

peine o un cepillo, provisiones de su comida habitual, huesos masticatorios o juguetes especiales como pelotas, etc.

En los viajes al extranjero, deje que el veterinario compruebe el estado de salud del perro y le aconseje sobre un botiquín de viaje hecho a medida para su animal. En general, el botiquín de viaje debe contener: un collar antiparasitario, unas pinzas para garrapatas y unas pinzas anatómicas para retirar espinas o astillas. Si su perro padece alguna enfermedad crónica, debe llevarse sus medicamentos en cantidad suficiente.

Dado que en los lugares de vacaciones no siempre hay un veterinario cerca, o en el extranjero puede tener problemas de comunicación debido al idioma, antes de iniciar el viaje debe usted seleccionar con el veterinario una serie de medicamentos en base a la "propensión" del perro como medida preventiva.

Infórmese antes del inicio del viaje de los reglamentos de entrada o de tránsito de los países extranjeros. A este respecto, no sólo debe usted cumplir las disposiciones legales sino que debe vigilar que el perro esté suficientemente protegido mediante vacunación (también contra las enfermedades infecciosas típicas del país de destino). Piense también en la cura antiparasitaria y en la lucha contra los ectoparásitos.

Los viajes en coche

Hay que acostumbrar a todos los perros a viajar en coche. Hay casos de suerte en los que el perro considera el coche como su segundo hogar y se siente a gusto dentro de él, y hay perros que reaccionan con una enfermedad de viaje. Así pues, primero hay que familiarizar a los perros jóvenes con la situación mediante pequeños viajes en coche. También es psicológicamente favorable que al final del trayecto haya una experiencia positiva como un largo paseo.

Si el perro relaciona el ir en coche con experiencias negativas, no sólo con que se marea sino con que al final del trayecto

La superficie de carga de una furgoneta constituye un lugar seguro en el coche.

tiene que permanecer bastante tiempo solo dentro del coche o someterse a un tratamiento desagradable en la consulta del veterinario, puede ocurrir que el perro no quiera seguirle ni siquiera al garaje. El darle chucherías al perro con el coche parado puede servir de ayuda.

Antes de un viaje largo en coche, hay que dejar en ayunas a los perros que se ponen malos durante los viajes durante como mínimo 12 horas. Un largo paseo antes de emprender la marcha es recomendable para que el perro pueda hacer sus necesidades y estar tranquilo. En los viajes en coche durante el verano, no se olvide de la carga que supone el calor para el perro. Los perros no pueden compensar el calor sudando sino jadeando, lo que comporta una carga para la circulación. Una instalación de aire acondicionado en el vehículo, un parasol enrollable o el hacer el viaje por la noche permiten evitar el calor.

El perro tiene que colocarse en un lugar seguro dentro del coche, de modo que pueda echarse cómodamente de acuerdo con su tamaño. Los lugares más seguros para el perro dentro del coche son el suelo del asiento del copiloto, el asiento trasero o, en el caso de las furgonetas, la superficie de carga. Pueden instalarse de forma suplementaria redes de protección o cinturones de seguridad especiales para perros.

El perro no debe viajar en ningún caso en la bandeja posterior o en las faldas del copiloto o del conductor. Si tiene las ventanillas bajadas, el viento irrita los ojos, los oídos y la nariz, por lo que el perro no debe sacar nunca la cabeza por la ventanilla. Los perros también están muy amenazados por la corriente de aire en los descapotables, donde nosotros podemos protegernos con gafas y cubrirnos la cabeza con prendas adecuadas.

Durante los viajes en coche largos hay que hacer paradas regularmente (cada dos horas) tanto para el bien de las personas como del perro. Un pequeño paseo contribuye a la recuperación tanto de las personas como del animal. Es imprescindible disponer de suficiente agua y de una escudilla para beber. Durante los viajes en coche largos, son recomendables como pequeñas comidas los alimentos deshidratados, las galletas para perros o una ración pequeña de alimentos enlatados. No obstante, la comida principal debe realizarse por la noche en el lugar de vacaciones.

También es aconsejable tener a mano una toalla, rollos de papel de celulosa y bolsas de plástico por si se produce un "accidente" en el coche. ¡Antes de bajar del coche, atar siempre al perro de la correa! Si se deja al perro durante un rato dentro del coche aparcado, hay que procurar que el aporte de aire sea suficiente levantando el techo corredizo o dejando una rendija abierta en las ventanillas. En verano, aparque el coche a la sombra, ¡pero sin olvidar que el sol cambia de posición!

Los carteles de advertencia que encontré en los grandes aparcamientos del sur de Francia durante mis últimas vacaciones, en los cuales se indicaba en cuatro idiomas que no se dejara a los perros en el coche cuando hiciera calor me dieron qué pensar. La de dramas caninos que deben haberse producido en los coches...

Los viajes en tren

La reglamentación de RENFE dice que los perros pequeños (menos de 6 kilos) pueden llevarse sin ningún problema dentro de una bolsa de viaje o de una caja de transporte; en este caso no pagan billete. Si el perro pesa más de 6 kg, debe ser facturado. Si se viaja en coche cama individual, el perro (sea cual sea su tamaño), puede acompañar a su amo, siempre que no moleste, y pagará billete de niño. Los perros lazarillos también pueden viajar con sus amos y pagan billete de niño.

Los trenes de montaña normalmente admiten sin problemas a los perros como pasajeros, a unas tarifas especiales. Los telesillas sólo son recomendables para perros de hasta un cierto tamaño y de carácter tranquilo, ya que el propietario debe sujetar al perro sobre la falda durante el trayecto.

Los viajes en avión

Los viajes en avión con el perro no son recomendables, ya que no es posible acostumbrar al animal mediante un entrenamiento paulatino, como ocurre con los viajes en coche o en tren. Además, ello comporta una separación del propietario, ya que en la cabina sólo puede haber perros de hasta 7 kg de peso y sólo uno por avión con el consentimiento del piloto. Así pues, antes de decidirse por el avión hay que informarse bien.

Si el perro puede acompañarle en la cabina, hay que colocarlo en una bolsa o una caja impermeable (véase viajes en tren). Para los perros más grandes, las compañías aéreas venden cajas de plástico especiales. Adquiera el recipiente correspondiente antes del viaje y acostumbre al perro a su nueva casa colocando una colcha con la que esté familiarizado en la caja y dándole chucherías cuando esté dentro de ésta. Lo ideal es que el perro la acepte como otro lugar de reposo más.

Antes del vuelo, hay que dejar al perro en ayunas durante 12 horas como mínimo, pero darle agua hasta el despegue. Es obligatorio dar un paseo lo suficientemente largo para que haga sus necesidades. La mayoría de compañías aéreas embarcan a los perros junto con los pasajeros, de forma

También los perros pueden disfrutar de los viajes en barco.

que la separación del propietario tenga lugar lo más tarde posible. Asimismo, infórmese si puede usted cuidar personalmente a su perro durante las escalas prolongadas.

Dado que el perro se asusta debido al ruido y los movimientos de balanceo del avión, a pesar de estar lo más cómodo posible en el compartimento del equipaje equipado con calefacción y con compensación de presión, es recomendarle administrarle un tranquilizante antes del vuelo. Pruebe el medicamento con antelación siguiendo las instrucciones del veterinario, ya que una dosis insuficiente puede provocar todo lo contrario, de modo que el perro se vuelve asustadizo, jadea intensamente y presenta manifestaciones de intranquilidad, y el vuelo se convierte en una pesadilla.

Naturalmente, los viajes en avión están prohibidos para los perros enfermos, las hembras preñadas y los perros con enfermedades cardíacas y pulmonares crónicas, aunque normalmente estén bien compensados mediante los medicamentos correspondientes.

Los viajes en barco

Los viajes en transbordadores con un trayecto de hasta diez horas de duración son bien soportados por los perros bien entrenados. Infórmese con antelación en la compañía naviera sobre las condiciones para los perros. ¡En algunas es obligatorio el bozal! En tal caso, hay que tener uno preparado.

Al igual que en el resto de viajes, hay que dejar al perro en ayunas, dar un largo paseo antes de partir para que pueda hacer sus necesidades y llevar en el equipaje del perro, que debe estar a mano, reservas de agua, la escudilla del agua, pañuelos o rollos de celulosa y una bolsa de plástico para los pequeños contratiempos que puedan surgir.
En las grandes compañías navieras hay lugares especialmente señalizados en cubierta para que los perros puedan hacer sus necesidades.

Los viajes a países tropicales

Si bien nosotros nos dejamos llevar por la ilusión y disfrutamos de los países exóticos de clima cálido, no hay que descuidar el aspecto sanitario. Para determinadas razas caninas, el cambio de clima ya resulta problemático. Y pensándolo sinceramente: ¿es verdaderamente mejor para el perro acompañarnos durante las vacaciones y ser encerrado durante todo el día en una habitación más o menos fresca mientras nosotros gozamos de la playa? ¿No sería mejor para el perro que alguien le cuidara cariñosamente en casa?

Además, en los países tropicales hay enfermedades especiales contra las que todavía no se dispone de vacuna o de medicamentos preventivos admitidos en nuestro país. Se trata de enfermedades muy graves, en parte mortales. Vamos a mencionar las más importantes: disentería amebiana, leishmaniosis, babesiosis, ataque vermicular cardíaco, equinococosis y garrapata canina marrón.

Si quiere llevar consigo a su perro a estos países, tendrá que hacer uso necesariamente de collares antiparasitarios, sprays, nebulizadores o polvos adecuados para evitar un ataque de ectoparásitos, ya que precisamente los parásitos sanguíneos son transmitidos por los mosquitos y las garrapatas.

En cualquier caso, hay que mantenerlo alejado de los excrementos de otros perros y de los otros perros y darle sólo carne cocida y agua hervida.

Además, hay que ser consciente de que un perro infectado cuando regresa a su país de origen también contribuye a la propagación de la enfermedad y pone en peligro a los perros que han permanecido en casa.

CAPÍTULO 2

La visita al veterinario

En la sala de espera del veterinario el perro debe permanecer atado de la correa para poder controlarlo mejor.

Si ha adquirido un perro por primera vez o acaba de mudarse, infórmese en la guía telefónica o pregunte a los otros propietarios de perros por el veterinario más cercano a su domicilio cuando salga de paseo.

Lleve siempre al perro de la correa al veterinario. Normalmente, en la sala de espera hay otros animales, y tiene que ser capaz de mantener bajo control a su perro. Cualquier otro comportamiento sería de mala educación frente a los otros propietarios de animales y en algunos casos incluso peligroso, ya que las reacciones de los animales no son previsibles.

Se ha comprobado la extraordinaria eficacia de llevar chucherías consigo para que el perro reciba una recompensa después de haber sido sometido al examen o tratamiento. Así evitará que en la próxima visita al veterinario el perro se dé la vuelta al llegar a la puerta e intente salir corriendo presa del miedo.

La primera visita

Si ha adquirido un cachorro del criador o de la residencia de animales, tendrá que dejar que el veterinario le administre la vacuna de recuerdo bastante pronto. Pero aunque haya adquirido un perro más mayor, tiene que llevarlo al veterinario después de un periodo de aclimatación de unas cuatro semanas. Es mejor esperar este tiempo, ya que podrá observar a su perro durante una temporada y darle al veterinario informaciones valiosas o hacerle preguntas concretas.

Aunque el veterinario no encuentre ninguna enfermedad durante el primer examen, puede contribuir al mantenimiento del estado de salud de su perro mediante un asesoramiento detallado. Usted recibirá información especializada sobre la alimentación y el mantenimiento de su perro. Con toda seguridad, también puede proporcionarle valiosos consejos sobre la educación y el comportamiento del perro.

Por último, discutirá con usted un programa de prevención individual y orientado a su perro. No olvide que prevenir es mejor que curar, y también más barato.

Es importante observar las vacunas necesarias. Con frecuencia, los propietarios de perros no se dan cuenta hasta poco antes de emprender un viaje al extranjero de que existe una prescripción sobre vacunas. Sobre este punto lo mejor es informarse en el consulado del país a visitar. Con toda probabilidad tendrá usted una agenda de bolsillo o una de sobremesa. En ella debe apuntar la fecha de vencimiento de las vacunas del perro (véase pág. 25), así como el plazo para la cura antiparasitaria regular (véase pág. 24), especialmente antes de la vacunación.

Observar exactamente todos los síntomas

Además de para el examen preventivo anual, el veterinario estará a su disposición y a la del perro cuando éste se ponga enfermo. Dado que los perros enfermos presentan alteraciones pero no pueden hablar, el veterinario necesita la colaboración del propietario del animal. Si éste presta la suficiente atención al animal, se dará cuenta en seguida de los cambios y se preocupará. Tome notas tranquilamente, ya que al cabo de unos cuantos días ya no se acordará con precisión, y cuando acuda al veterinario varias semanas después habrá olvidado éste o aquel síntoma y el momento en el que se presentó.

Después de preguntar por el informe preliminar y de llevar a cabo un examen general, el veterinario realizará, en caso necesario, pruebas especiales tales como exámenes radiológicos, de laboratorio o por ultrasonidos. A veces, algún examen también puede realizarse con anestesia.

Especialmente en caso de accidente o de enfermedades que ponen en peligro la vida del animal como la rotación gástrica, el veterinario tiene que realizar rápidamente una serie de exámenes y tomar unas medidas a las que el propietario no debe oponerse a pesar de la agitación y de la consternación.

Dado que los veterinarios cuentan con un botiquín propio, podrán darle inmediatamente los medicamentos necesarios para el tratamiento del perro. El veterinario también le indicará la dosis exacta y cuándo y cómo debe administrar los medicamentos.

La última visita

Permítame que hable brevemente de la última visita conjunta al veterinario. Precisamente en este caso especial es imprescindible una confianza básica entre usted y el veterinario.

Doy por supuesto que es usted uno de esos propietarios de perros que lo consideran una decisión difícil. Por desgracia, como veterinaria también conozco la otra cara de la moneda, es decir, los propietarios de perros que quieren deshacerse de un animal para ir de vacaciones o acabar con un perro viejo que significa una carga y una limitación para ellos.

Cuando llega el momento en que no es posible ofrecerle al perro una vida sin dolor y sufrimiento a pesar de todos los esfuerzos, tiene que liberar al animal. Seguramente, ésta es la decisión más dolorosa que tendrá que tomar como propietario de un animal. Por este motivo, todos los veterinarios le ayudarán mediante un asesoramiento cualificado y le ofrecerán todo su apoyo durante el "adormecimiento", como se llama popularmente la muerte sin dolor. Primero, el perro recibe un tranquilizante y, a continuación, se le administra una sobredosis de narcóticos. El paro de la respiración y del corazón se produce inmediatamente. Cuando el perro reciba esta última inyección, el propietario tiene que estar con él.

CAPÍTULO 3

El tratamiento y el cuidado de los perros enfermos

Un perro enfermo puede ser transportado fácilmente al veterinario dentro del cesto.

El requisito indispensable para el cuidado de un perro enfermo es la relación de confianza natural entre el animal y su propietario. Precisamente los perros enfermos o aquejados de dolores muestran un cambio de comportamiento. Por este motivo, hay que practicar como si se tratara de un juego determinadas intervenciones con el perro sano para que la situación no les resulte extraña a ambos, al propietario y al animal, cuando se presente una situación de emergencia.

Actúe de forma tranquilizadora para su perro cada vez que tenga que adoptar una medida y sea consecuente. El tratamiento del animal puede ser, en algunos casos, de importancia vital y, con frecuencia, debe prolongarse durante mucho tiempo o durante toda la vida. Un premio en forma de elogio efusivo o de una pequeña chuchería después del procedimiento necesario sirve para entrenar al perro, de modo que en poco tiempo incluso puede encontrarlo un juego divertido.

Protección antimordeduras

Incluso los perros mejor educados pueden ser propensos a morder en caso de miedo, dolor o shock. Por consiguiente, hay que tener siempre presente esta posibilidad en las medidas terapéuticas que puedan estar acompañadas de dolor. El método más sencillo es mantener cerrado el hocico. Pero éste sólo se puede emplear en los perros de hocico largo. Una persona coge la cabeza por atrás y por arriba con una mano y con la otra mantiene el hocico cerrado por la barbilla. En los perros que oponen una gran resistencia, también se puede apoyar fuertemente la cabeza del perro sobre el cuerpo de la persona que lo sujeta.

También puede ser útil la colocación de un bozal. En algunos perros, el bozal tiene un efecto psicológico, se sienten inseguros por su culpa y se mantienen quietos. Pero en los animales mordedores hay que asegurarse de que está colocado correctamente, ya que debido a las diferencias de tamaño del hocico puede ocurrir que el perro muerda a pesar del bozal.

Por consiguiente, en todos los casos hay que atar el bozal al hocico. Para ello necesitará un ayudante y una cinta (en caso de necesidad también sirve una corbata) o una correa de perro. Los cordones no son en absoluto adecuados, ya que pueden provocar heridas cortantes. Una persona sujeta la cabeza del perro por la nuca detrás de las orejas mientras que una segunda persona coloca el lazo con un nudo corredizo sobre el hocico y aprieta el nudo sobre el lomo de la nariz. Los extremos deben ser llevados hacia atrás, cruzarse por debajo del maxilar inferior y atarse en la nuca. ¡Al apretar el nudo corredizo, vigilar que el perro no se muerda la lengua! Este método permite al perro respirar perfectamente por los orificios nasales a pesar de la buena fijación de la boca.

Cuidado: esta técnica no debe utilizarse en las razas de hocico corto, en los perros con heridas en la cabeza o con asma. En estos perros, sólo hay que sujetar la cabeza. En este caso son necesarias dos personas. Durante el tratamiento, una persona sujeta fuertemente con ambas manos al perro por la nuca, un poco por detrás del ángulo de los maxilares, de forma que el animal no pueda girar la cabeza y morder. Mientras tanto, hay que calmar al perro mediante palabras tranquilizadoras. Si el perro presenta unas reacciones de defensa muy intensas, es mejor no luchar con él sino llevarlo al veterinario.

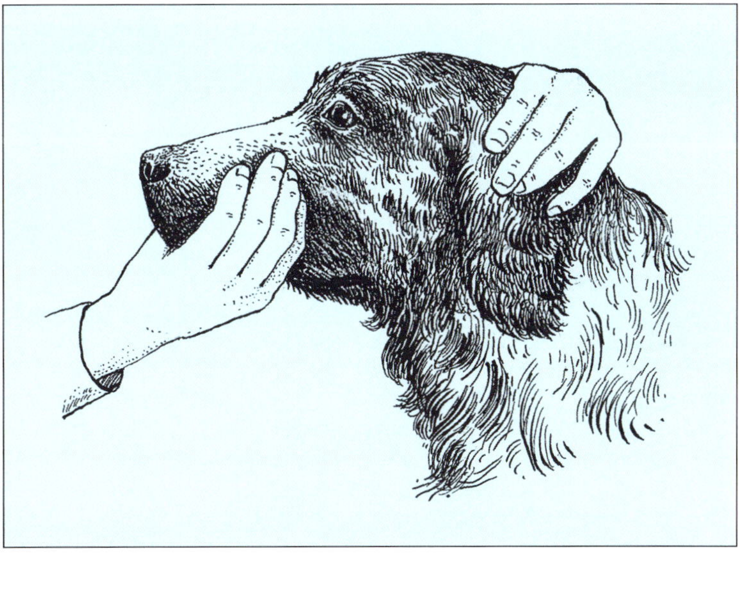

La cabeza del perro se fija con una mano sobre la nuca y la otra debajo del hocico.

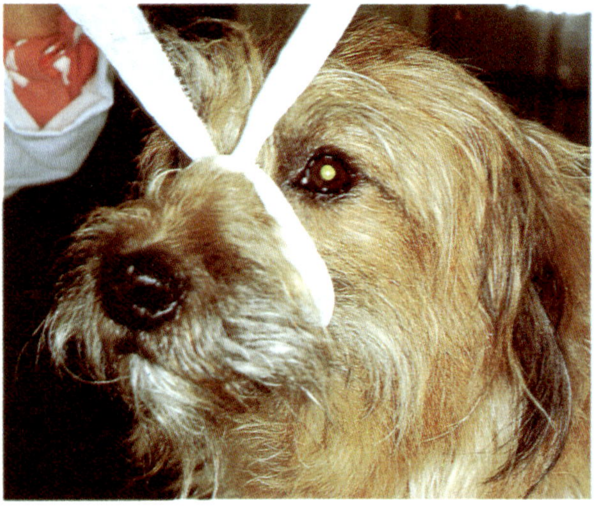

Primero la venda de gasa debe anudarse sobre el lomo de la nariz.

Métodos de exploración

En el caso de que el propietario tenga que colaborar en el tratamiento del perro en la consulta del veterinario, sujetar al perro o quiera examinar tranquilamente una pata, la piel del abdomen o, en las hembras, las mamas, se ha demostrado la eficacia del **decúbito lateral** estable.

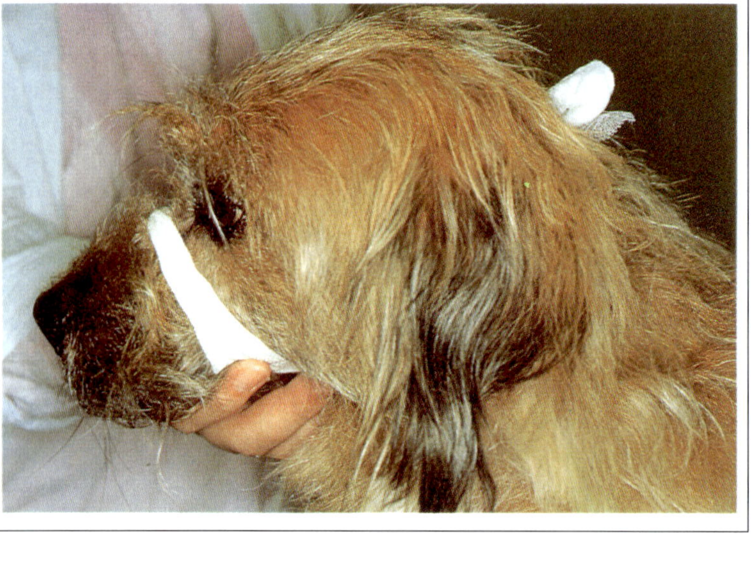

Después la venda se lleva hacia abajo, rodeando el hocico, se cruza y se ata en la nuca.

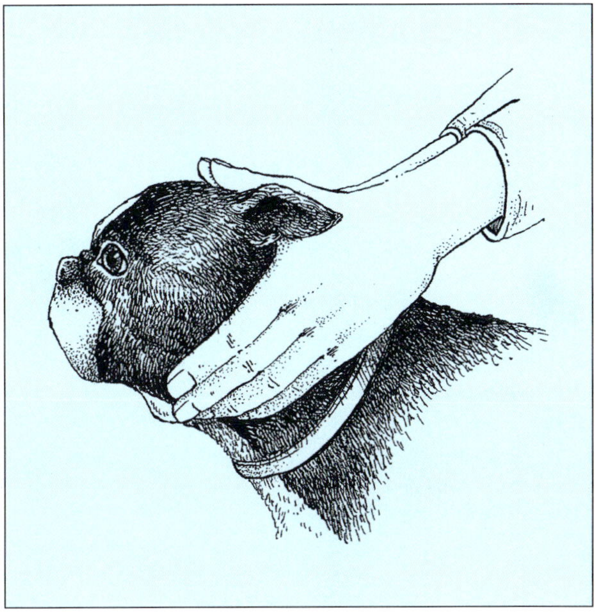

No atar nunca el hocico de las razas de hocico corto, sino que debe sujetarse fuertemente la cabeza por la nuca.

Hay que dejar al perro en el suelo o sobre la mesa de exploración de la consulta del veterinario, decirle que se eche y colocarlo de lado. El ayudante o el propietario debe situarse junto al lomo del animal y sujetar la pata anterior y la pata posterior inferiores. Para ello, hay que coger la pata anterior del perro con la mano a la altura de la

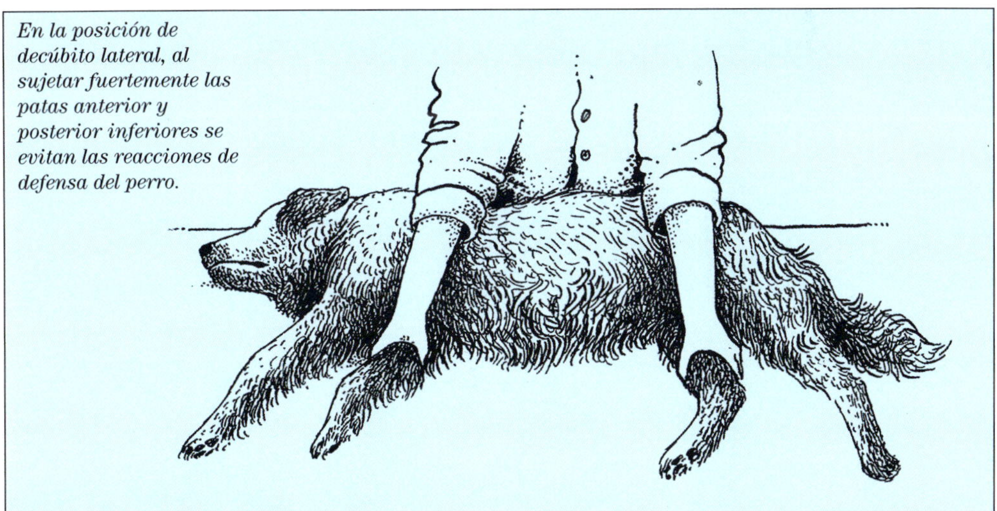

En la posición de decúbito lateral, al sujetar fuertemente las patas anterior y posterior inferiores se evitan las reacciones de defensa del perro.

articulación metatarsiana y, al mismo tiempo, se puede inmovilizar el cuello del perro sobre la superficie con el codo. Con la otra mano hay que sujetar la pata posterior a la altura de la articulación tibiotarsiana.

Al **levantar** al perro sobre una mesa, no cogerle nunca de las patas delanteras. De hecho, en los perros grandes esto es prácticamente imposible, pero los perros pequeños son agarrados con frecuencia de esta forma por ignorancia. Dado que las patas anteriores de los perros sólo están sujetas al tronco mediante músculos (los perros no disponen de clavícula como los humanos), al estirar de las patas también se ejerce tracción sobre los gruesos cordones nerviosos que pasan por debajo del omóplato, y esto es sumamente doloroso. Lo mejor es levantar al perro por delante con un brazo por debajo del tórax y por detrás con el otro brazo alrededor de los cuartos traseros.

En los perros, la **fiebre** se mide siempre en el recto. Lo mejor es trabajar con un ayudante que sujete la cabeza del perro y le hable tranquilizadoramente. La otra persona debe levantar la cola por la raíz con una mano e introducir el termómetro lubrificado con vaselina en el recto. Durante la medición, hay que sujetar bien la cola y el termómetro. Si éste es de mercurio hay que vigilar que haya sido bajado previamente. El tiempo de medición de estos termómetros es de 3 minutos. Los termómetros digitales que hay en el mercado tienen un diámetro menor e indican el final del tiempo de medición mediante una señal acústica (al cabo de un minuto aproximadamente). La temperatura corporal debe medirse siempre en reposo, ya que la agitación, el esfuerzo físico realizado previamente o la ingestión reciente de alimentos hacen subir la temperatura.

La temperatura corporal normal es de 38,5-39 °C en las razas de perros pequeños

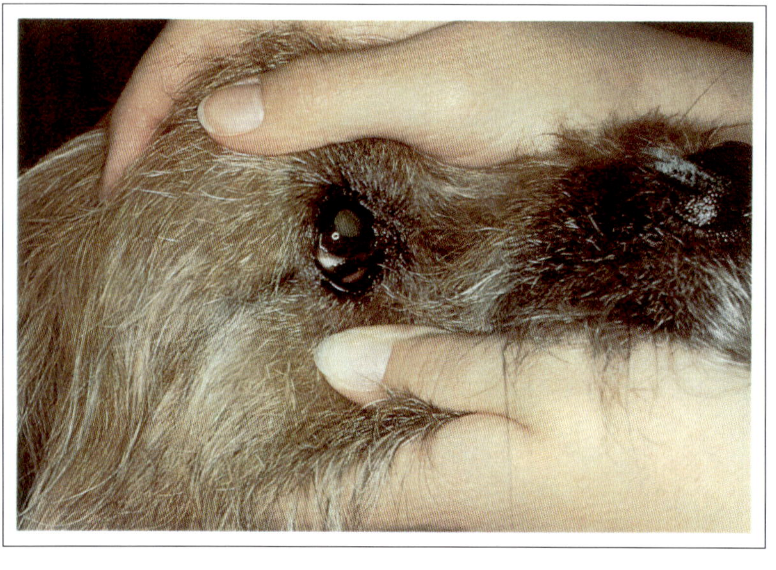

Para examinar la conjuntiva, hay que tirar cuidadosamente hacia abajo del párpado inferior con el pulgar.

y de 37,5-38,5 °C en las razas grandes. Los perros jóvenes tienen una temperatura más alta que los más mayores.

La **medición del pulso** es imprescindible para el control del corazón y el sistema circulatorio (véase pág. 54). Practique la medición del pulso con el perro sano para que ya esté familiarizado con ello en caso de emergencia. Lo mejor es tomar el pulso en el lado interior del muslo. Para ello, hay que colocar los dedos índice y corazón de la mano derecha por encima de la articulación de la rodilla sobre la superficie interior del muslo. En este punto palpará un canal en el que late la fuerte arteria femoral. Por norma general, basta con medir el pulso durante 15 segundos y multiplicar por 4 el valor obtenido. Si el pulso es muy irregular, naturalmente es preferible medirlo durante un minuto entero. La frecuencia normal es de 70-120 pulsaciones por minuto. Cuanto más pequeño y joven sea el perro, tanto mayor será el número de pulsaciones.

Si el pulso es débil y no se percibe con claridad, en los perros no demasiado obesos se pueden controlar los **latidos** del corazón en el tórax. Hay que colocar la mano sobre la pared torácica izquierda, detrás de la articulación izquierda del codo (véase pág. 55). La frecuencia de los latidos corresponde a la del pulso.

El **examen de las mucosas** permite sacar algunas conclusiones de enfermedades. Para ello son adecuadas las mucosas no pigmentadas de los párpados (conjuntiva palpebral) y de la boca. Para la exploración de la conjuntiva palpebral hay que colocar una mano sobre la frente del perro y, con el pulgar de la otra mano, estirar cuidadosamente hacia abajo el párpado inferior. En el caso de la mucosa de la boca, hay que sujetar con una mano el maxilar inferior y, con el índice y el pulgar de la otra mano, volver hacia fuera el labio superior cerca de la comisura de la boca.

Normalmente la mucosa, si no está pigmentada, es de color rosa. Aproveche el

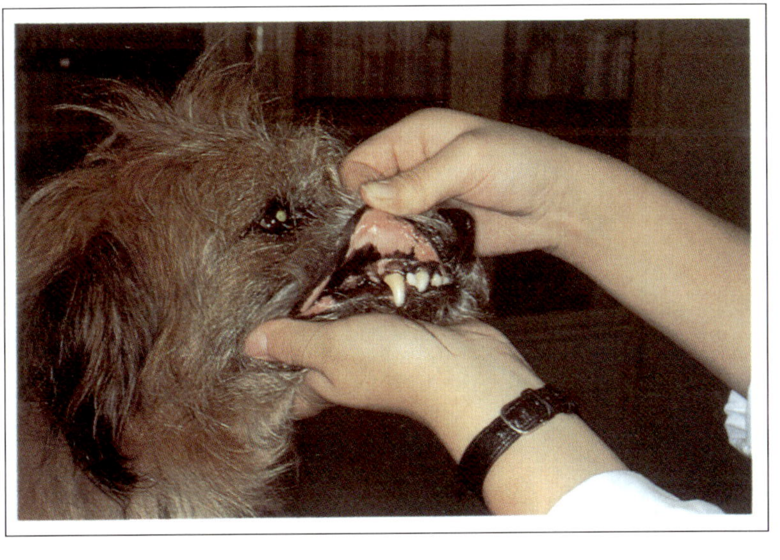

La mucosa bucal se puede ver perfectamente volviendo hacia fuera el labio superior.

cepillado semanal de los dientes para acostumbrar a sus ojos y saber qué aspecto tiene la mucosa normal de su perro. Entonces también podrá valorar correctamente las alteraciones.

Controlar las mucosas

- de color rosa: normal
- de color rosa pálido: trastorno circulatorio, síntoma de anemia
- de color de porcelana: shock, anemia pronunciada (p. ej. hemorragias internas o leucosis); ¡peligro de muerte!
- de color amarillento: enfermedad hepática
- hemorragias (en forma de puntos): intoxicación

El **control de la elasticidad de la piel** permite sacar una importante conclusión sobre el balance hídrico del cuerpo. Para ello hay que coger la piel de entre los omóplatos y levantar un pliegue. Una vez suelto, este pliegue de piel se extiende inmediatamente en los perros sanos. En caso de déficit de agua, el pliegue persiste o se retrae muy poco a poco. La elasticidad de la piel está reducida en caso de vómitos persistentes, diarrea y enfermedades renales. ¡En tal caso, acudir lo más rápido posible al veterinario!

Exploraciones y exámenes regulares

- deposición de heces y de orina a diario
- piel y pelaje durante su cuidado cada 2 días o semanalmente
- dientes durante el cuidado de la dentadura, semanalmente
- mucosas (boca y ojos) semanalmente
- orejas semanalmente
- hembras: observar y anotar exactamente el celo
- hembras: control de las mamas, especialmente después del celo semanalmente, durante cuatro semanas.

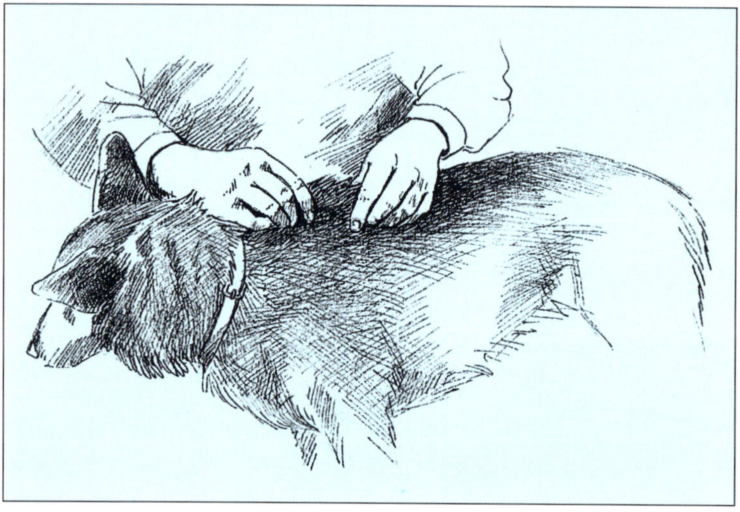

Para comprobar la elasticidad cutánea hay que levantar un pliegue de piel entre los omóplatos, que en los perros sanos desaparece inmediatamente al soltarlo.

El **examen del panículo adiposo** es un criterio para el control del peso ideal. Para ello apoye las dos manos sobre el perro, que debe estar de pie, por detrás a izquierda y derecha del tórax. Tiene usted que notar las costillas ejerciendo una ligera presión. Si tiene que hundir mucho las yemas de los dedos, el perro está demasiado grueso.

Administración de medicamentos

Los medicamentos deben administrarse siguiendo escrupulosamente las instrucciones del veterinario. No tome ninguna decisión por su cuenta si, por ejemplo, al leer en casa el prospecto que acompaña al medicamento prescrito se da cuenta de que el medicamento puede ser "peligroso" y no se lo da al perro. De esta forma se está entrometiendo en el tratamiento del veterinario. Si tiene alguna duda, puede telefonearlo y consultarle los puntos dudosos.

También debe llamar al veterinario si observa efectos secundarios después de la administración de un medicamento. Éste podrá valorar si se trata de manifestaciones inofensivas, por ejemplo coloración de la orina o de las heces, o de una intolerancia individual que sólo se puede eliminar cambiando el medicamento.

Dado que los medicamentos tienen que ser administrados con frecuencia durante un largo periodo de tiempo o, incluso, durante toda la vida, inténtelo siempre con paciencia y cariño. Practique con su perro hasta que salga bien. A veces, los vómitos y las diarreas originados después de la administración de los medicamentos no se deben a la sustancia activa sino a una

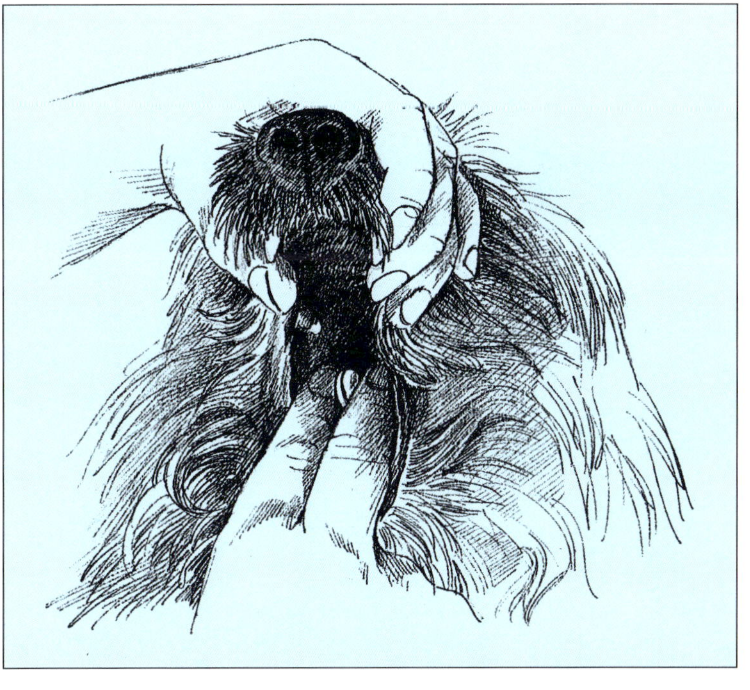

Los comprimidos deben ser deslizados hacia la garganta sobre la base de la lengua.

actuación incorrecta y al consiguiente estrés del perro.

El perro también tiene que tener la sensación de que se le está haciendo algo bueno, lo que de hecho es cierto aunque sea algo un poco desagradable. Al fin y al cabo, el objetivo es la curación del animal.

Comprimidos, cápsulas y grageas

En los perros con un apetito voraz, los medicamentos pueden mezclarse con la comida, pero en los perros enfermos casi nunca se tiene suerte. Éstos apartan las píldoras, de modo que, al final, sólo queda el medicamento en la escudilla. Muchos perros se dejan engañar si se practica un orificio en un trozo de embutido o de queso, y se da el medicamento escondido en éste.

Si esto tampoco resulta, hay que introducir el medicamento directamente en la boca. Para ello, hay que sujetar el hocico desde la parte superior con la mano izquierda y presionar los labios con el pulgar y el índice detrás de los colmillos; con la mano derecha, hay que tirar hacia abajo y desde delante el maxilar inferior por los incisivos. Hay que deslizar el medicamento sobre la base de la lengua. Así se provoca el reflejo de la deglución, y el comprimido llega automáticamente al estómago a través del esófago.

Puede usted controlar la deglución por el movimiento de la nuez. Si el medicamento no ha sido colocado correctamente, el reflejo de la deglución no tiene lugar y el perro lo escupe, con frecuencia al cabo de un buen rato. Para evitar que esto ocurra, hay que seguir sujetando el hocico durante unos minutos y practicar masajes sobre la región de la laringe.

Si, aun así, el perro no se traga la pastilla, el último recurso es cerrar el hocico del perro con una mano y taparle los orificios nasales con la otra durante un rato.

Los comprimidos deben mezclarse troceados con la comida o disolverlos en el agua pulverizados. Gracias a su superficie lisa, las cápsulas y las grageas son más

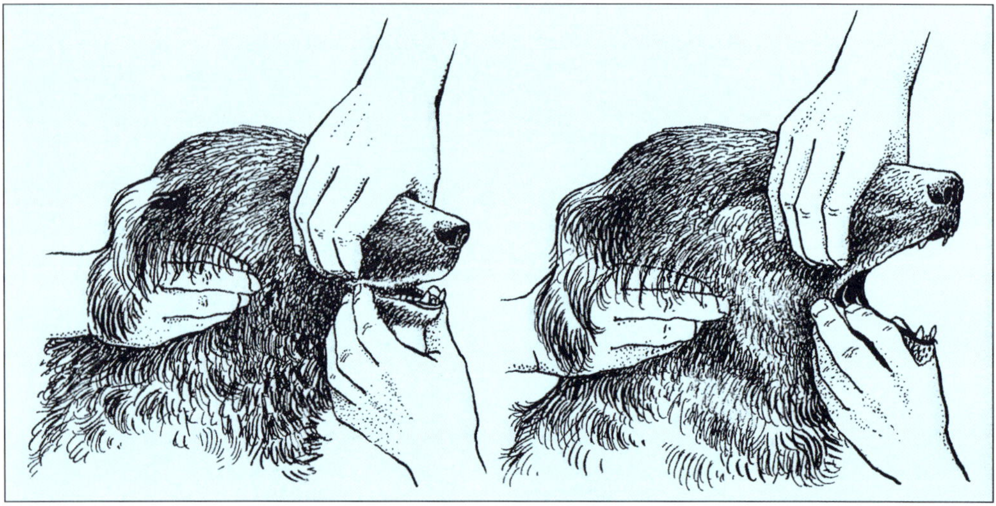

El hocico del perro se abre apretando con una mano el labio del maxilar superior (izquierda) y tirando hacia abajo el maxilar inferior con la otra mano.

fáciles de administrar. Pero no hay que triturarlas ni disolverlas, ya que el contenido suele tener un sabor desagradable.

Líquidos

La administración de líquidos es más sencilla. Un ayudante debe sujetar la cabeza del perro alrededor del hocico, y el propietario debe estirar un poco hacia el lado la comisura de la boca de modo que se forme una pequeña bolsa, en la que se puede verter el líquido. Si tiene dificultades con la cuchara de medición, el veterinario le dará una jeringa de plástico desechable (naturalmente sin cánula) con la que puede verter el medicamento gota a gota.

Durante la administración del medicamento, el hocico del perro debe permanecer ligeramente inclinado hacia arriba, pero nunca en posición vertical, ya que ello impediría al perro tragar y podría provocar que el medicamento volviera a fluir hacia fuera o se introdujera en la tráquea (¡peligro de neumonía!).

Los medicamentos en pasta contienen sustancias que les dan buen sabor, de forma que los perros los toman bien. Por tanto se pueden mezclar con la comida. Pero es mejor empezar con pequeñas cantidades. Algunos perros se comen también la pasta sola; se unta un dedo con ella y se deposita en la lengua, manteniendo las fauces del animal abiertas.

Polvos

Los polvos pueden administrarse disueltos en agua, del mismo modo que los líquidos, o mezclarse con la comida como se describe para los medicamentos en pasta.

Supositorios

Los supositorios deben ser introducidos en el recto. Al igual que en la medición de la temperatura, durante su aplicación hay que sujetar la cola hacia arriba y presionar el supositorio lubrificado en el recto. Tiene que vencer la resistencia del esfínter anal presionando con cuidado. Después de la

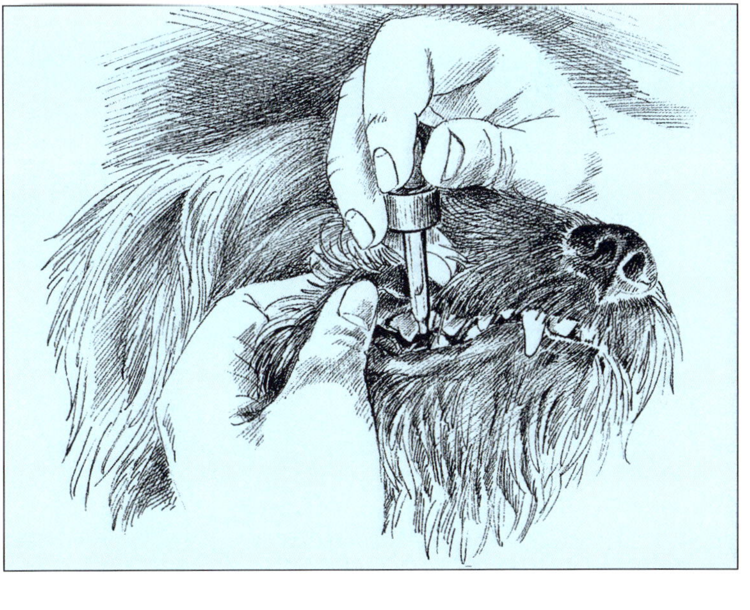

Las gotas se dejan caer en la comisura de la boca.

aplicación del supositorio, presionar la cola contra el ano para evitar la expulsión del supositorio. La aplicación tiene que realizarse después de la defecación, y el perro no debe volver a defecar hasta al cabo de como mínimo una hora.

Administración de medicamentos

- Proceder de forma consecuente y según la dosificación prescrita por el veterinario.
- No administrar, dejar de administrar o modificar nunca la dosis por cuenta propia de medicamentos sin consultarlo al veterinario.
- Controlar que el medicamento haya sido realmente retenido: ¿ha sido tragado o ha sido escupido o vomitado posteriormente? ¿El medicamento mezclado con la comida ha sido ingerido o separado? ¿El supositorio ha sido retenido o vuelto a expulsar?

Administración de colirios y pomadas en los ojos

Para este tipo de medicamentos es necesario proceder con especial tranquilidad. De hecho, las pomadas y las gotas para los ojos son envasadas por los fabricantes de los medicamentos en recipientes que terminan en un cono romo, pero si tocan la córnea, ésta puede resultar dañada rápidamente.

Lo mejor es que un ayudante inmovilice la cabeza del perro mientras el propietario aplica el medicamento. En el caso de los colirios, hay que estirar ligeramente hacia arriba el párpado superior con el pulgar de la mano izquierda e introducir 1-3 gotas en el ojo. En las pomadas, hay que estirar ligeramente hacia abajo el párpado inferior con la mano izquierda y extender una tira de pomada de aproximadamente 0,5 cm de largo paralelamente al ojo. Después, hay que proceder a repartir la pomada moviendo en círculos el párpado superior y el inferior.

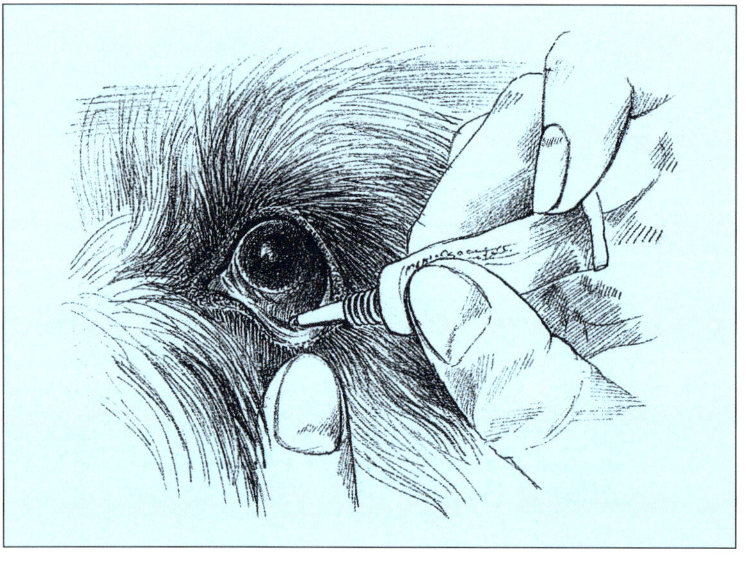

Las pomadas oculares se colocan en el párpado inferior, que previamente se ha estirado hacia abajo.

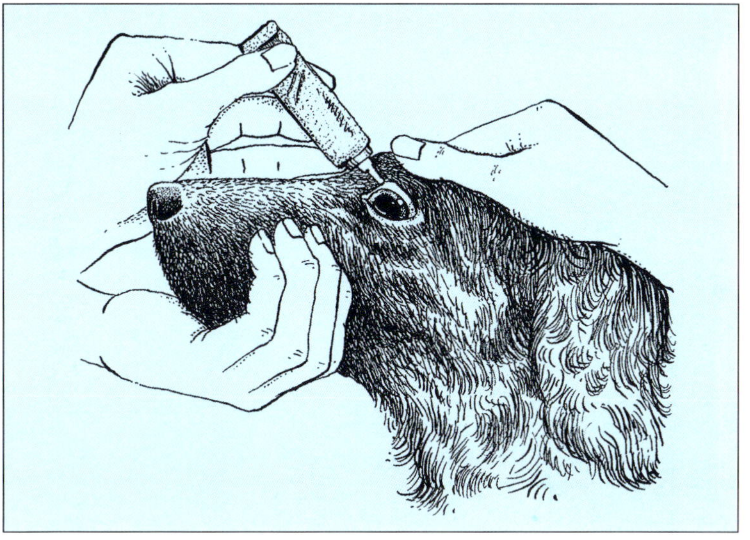

Los colirios oculares se dejan gotear en el ojo después de tirar cuidadosamente hacia arriba el párpado superior.

A continuación, hay que vigilar que el perro no se frote los ojos con las patas. Lo mejor es distraer al perro durante un rato hasta que el velo se haya deshecho en el ojo.

Gotas y pomadas para los oídos

Lo mejor es administrarlas desplazando cuidadosamente con la mano izquierda el pabellón auditivo hacia atrás y hacia fuera y vertiendo el medicamento gota a gota en el

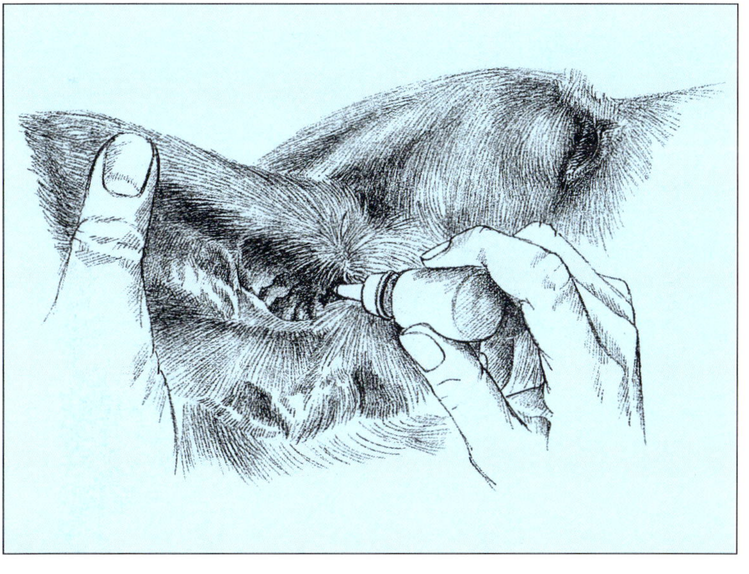

Las pomadas otológicas se colocan en el conducto auditivo y después se esparcen practicando un suave masaje.

conducto auditivo con la mano derecha. Un suave masaje de la base de la oreja favorece su distribución en el conducto auditivo.

Administración de medicamentos sobre la piel

En los **baños** terapéuticos, debe usted seguir exactamente las instrucciones de uso. Algunos medicamentos deben ser enjuagados tras un determinado tiempo de acción y otros deben permanecer sobre el pelaje. ¡Proteger los ojos y el conducto auditivo del perro! Impida que el perro se beba el agua del baño. Después, secar bien al perro y evitar que se lama el pelaje.

En el caso de las **pomadas**, los **geles** o las **lociones**, según las instrucciones de uso, hay que extenderlas sobre la piel o practicar un masaje con los dedos o con guantes de un solo uso.

Para evitar que el perro se lama, o bien hay que distraerle hasta que la piel haya absorbido el medicamento, o bien hay que utilizar un vendaje protector o un collarín (véase pág. 48). ¡Si hay que aplicar pomadas, geles o lociones sobre grandes superficies, no hay que tratar nunca todo el cuerpo de una sola vez, ya que la piel tiene que respirar! Debe aplicar una parte del medicamento por la mañana y el resto por la tarde, por ejemplo. Si no sigue este consejo, pueden producirse manifestaciones graves de intoxicación.

Aplicación de medicamentos

- Los excesos no son de mucha ayuda, sino que pueden ser incluso perjudiciales.
- No untar nunca todo el perro (excepto en los baños).
- Evitar en todos los casos que el perro se lama.
- Pensar en la higiene y en la sensibilidad propias (¡guantes de un solo uso!)

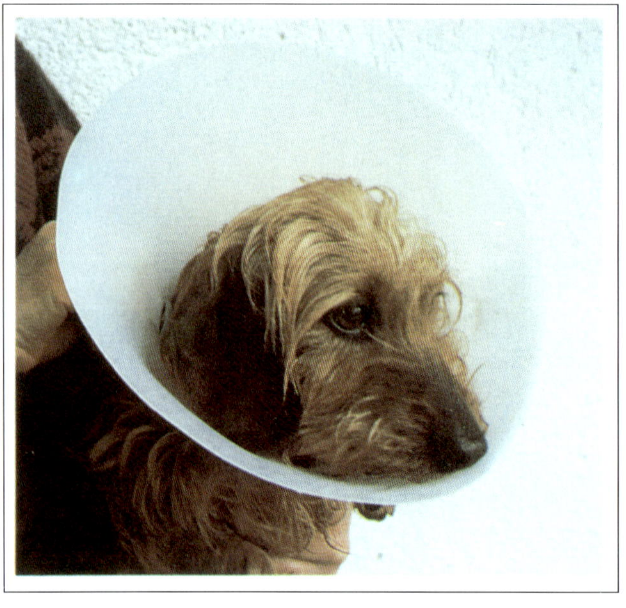

Los collarines han demostrado su eficacia como protección frente a las autolesiones.

Los vendajes de las patas deben acolcharse bien con una venda de algodón, protegiendo primero la punta de los dedos y el pie y, a continuación, el resto de la pata, colocando la venda en espiral.

Prevención de las autolesiones

Por desgracia, incluso en los perros más pacientes y cariñosos no hay que contar con su cooperación. En parte se trata de reacciones absolutamente normales. Así, p. ej., se lamen la piel cuando están sucios, y

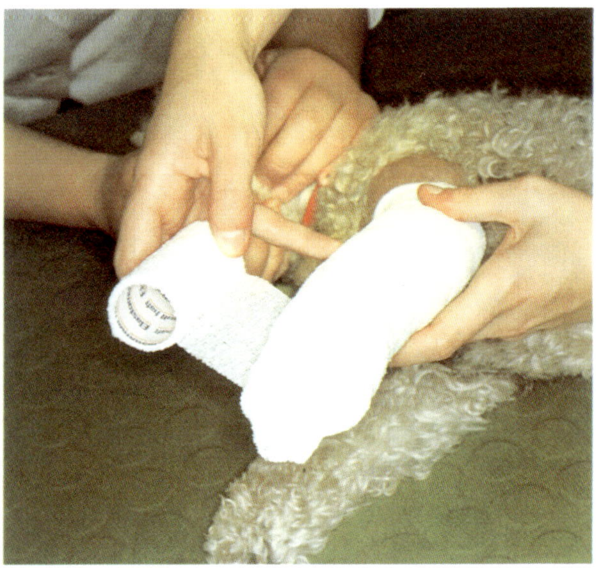

Hay que envolver bien el vendaje acolchado con una venda elástica.

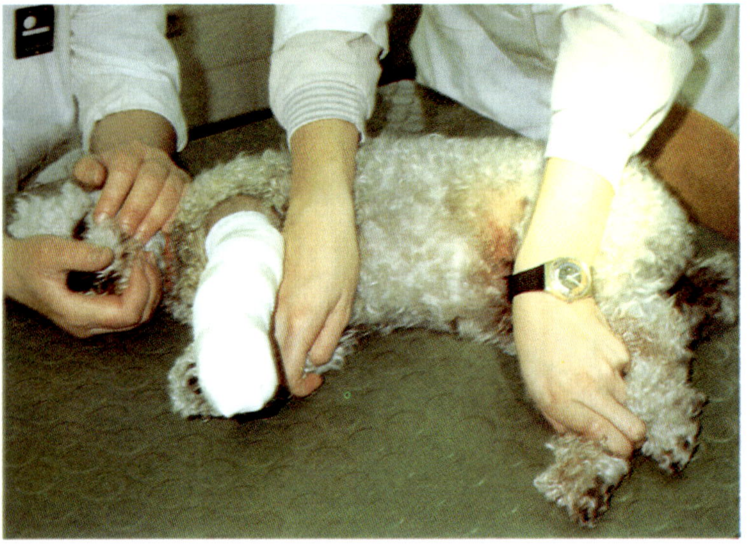

A continuación, hay que fijar el vendaje con esparadrapo para evitar que se mueva.

con ello también la pomada que tiene que curarles. O el perro se rasca cuando una herida que se está curando le pica.

Los veterinarios saben de sobra cuáles son las consecuencias de que un perro se lama y se rasque de forma masiva. En los casos extremos, los perros pueden, por ejemplo, abrir lamiendo los puntos de sutura al cabo de unos días de una operación abdominal, de modo que puede producirse un prolapso de las entrañas.

Usted, como propietario, debe evitarlo por todos los modos, aunque sean necesarias medidas correctivas durante un breve periodo de tiempo.

Los **collarines de plástico**, que pueden encontrarse en distintos tamaños, han demostrado su eficacia como protección frente a los lametones. En los perros con enfermedades oculares, el collarín también evita que se froten con las patas. Los perros se acostumbran en seguida a la reducción del campo visual. Cuando el perro está bajo vigilancia o cuando está distraído durante los paseos, se le puede quitar el collarín. Dado que algunas razas de perros son propensas a una intensa salivación, hay que limpiar y secar constantemente el interior del collarín para que no se produzca una inflamación de la piel debajo de la campana de plástico.

Para evitar que el perro se lama, también se puede colocar **vendajes protectores**. Para proteger las patas, dependiendo del tamaño del perro, se puede poner, p. ej., un calcetín de niño sobre la extremidad a proteger y sujetarlo al pelaje con una tira de esparadrapo o utilizar zapatos especiales de venta en las tiendas de animales.

Si hay que proteger toda la pata, se puede utilizar unos leotardos infantiles de algodón del tamaño adecuado. La pata enferma debe ser introducida en una de las piernas de los leotardos, y la otra debe pasarse bajo el abdomen y sobre el lomo y atarse a la pretina.

En las heridas en la región del abdomen o del pecho, las camisetas protectoras de

Con este zapato de perro se consigue una protección ideal del pie.

Vendajes protectores

- Los lametones constantes no curan sino que causan daños.
- Son preferibles dos semanas de medidas correctivas que la no curación.
- Los vendajes protectores no deben comprimir y tienen que ser higiénicos (cambiar o lavar).

fabricación casera han demostrado su eficacia. Dependiendo del tamaño del perro, hay que tomar una toalla de rizo, practicar cuatro agujeros (adecuados al tamaño y a la distancia de las cuatro patas) y coser unas cintas en las cuatro esquinas para atar la toalla sobre el lomo. Naturalmente, también puede utilizar camisetas u otras piezas de ropa, dependiendo de su habilidad y de su imaginación.

Advertencia: acuérdese de quitarles a los machos estas camisetas protectoras antes de los paseos.

Las heridas en la región del ano y de la vulva se pueden cubrir fácilmente con braguitas. Hay que introducir las patas posteriores a través de los agujeros para las piernas y, a continuación, hacer un corte adecuado para la cola. Para que se sujeten, hay que atar la pretina en el lomo o coser

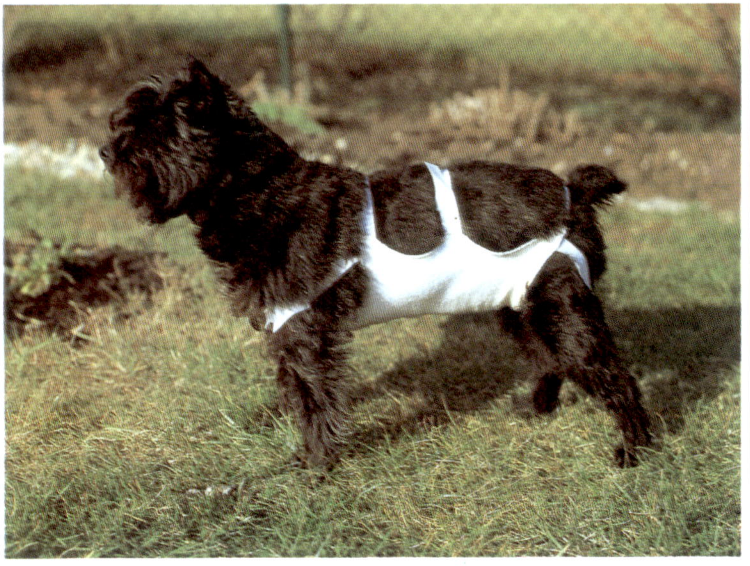

Esta camiseta protectora de fabricación casera evita los lametones de la herida quirúrgica en la región del abdomen.

una cinta en la pretina y sujetarla alrededor del cuello. Sobre todo, no se olvide de quitarle al perro las braguitas cuando se vaya a salir para que éste pueda hacer sus necesidades.

Cuidados post-anestesia

El sueño después de la anestesia depende del tipo de narcótico, de la duración y del tipo de la intervención y, también, de las particularidades de cada raza. El veterinario no dará de alta al paciente hasta que no haya ningún riesgo según el criterio humano. No obstante, un tratamiento posterior incorrecto del perro puede tener como consecuencia la muerte del animal.

Cuando, por fin, pueda ir a recoger a su perro, hágalo en coche y con un ayudante. Traiga una cesta, una colchoneta o colchas y, en invierno, eventualmente bolsas de agua caliente. El perro tiene que viajar en el coche de forma segura y estirado.

Si el perro todavía no ha recuperado el conocimiento, vigile que la lengua cuelgue lateralmente de la boca y que la respiración no se vea dificultada. Si el perro ya está despabilado y reacciona por ejemplo a los ruidos irguiéndose, alguien debe estar en todo momento cerca del perro para poder tranquilizarle.

Antes de marcharse de la consulta del veterinario, deje que éste le dé unas instrucciones claras, que debe seguir en todos los casos, y pregúntele cuánto tardará más o menos en despertarse. Durante la fase del despertar, la capacidad de regulación térmica del perro todavía está suprimida. Por este motivo, es muy importante proteger al perro del sobreenfriamiento o del exceso de calor. En segundo lugar, el perro tiene que ser colocado en un lugar seguro y sin peligro de lesiones, ya que durante la fase del despertar es sensible a los ruidos, reacciona con movimientos convulsivos, intenta levantarse, empieza a tambalearse y vuelve a caer.

Una vez en casa, debe colocar al perro en una habitación tranquila y cálida. En ella debe haber preparado previamente una cama blanda y envolverle en una manta. ¡No dejar nunca que el perro se despierte solo en la perrera, en el sofá o en el sillón!

Al despertarse, algunos perros emiten un auténtico aullido de lobos. No se asuste, no son gritos de dolor sino de reacciones individuales al narcótico.

Lo mejor es que permanezca junto al perro como persona conocida, le tranquilice y procure que permanezca el mayor tiempo posible echado en su cama. Cuando se despierte del estado de somnolencia, ayúdele la primera vez que vayan a salir y ofrézcale líquido para beber. Déle la primera comida según las instrucciones del veterinario.

Durante la fase del despertar

- Evitar el sobreenfriamiento y el exceso de calor.
- Evitar las lesiones mediante un asiento blando.
- Permanecer junto al perro para tranquilizarle.

El botiquín doméstico

La creación de un botiquín doméstico especial para el perro no sirve para tener a mano todos los medicamentos imaginables, esto no es conveniente debido a su limitada durabilidad. (Incluso las tiras autoadhesivas pierden su efecto cuando son almacenadas durante demasiado tiempo.)

Si su perro padece una enfermedad especial, hay que tener siempre a mano los

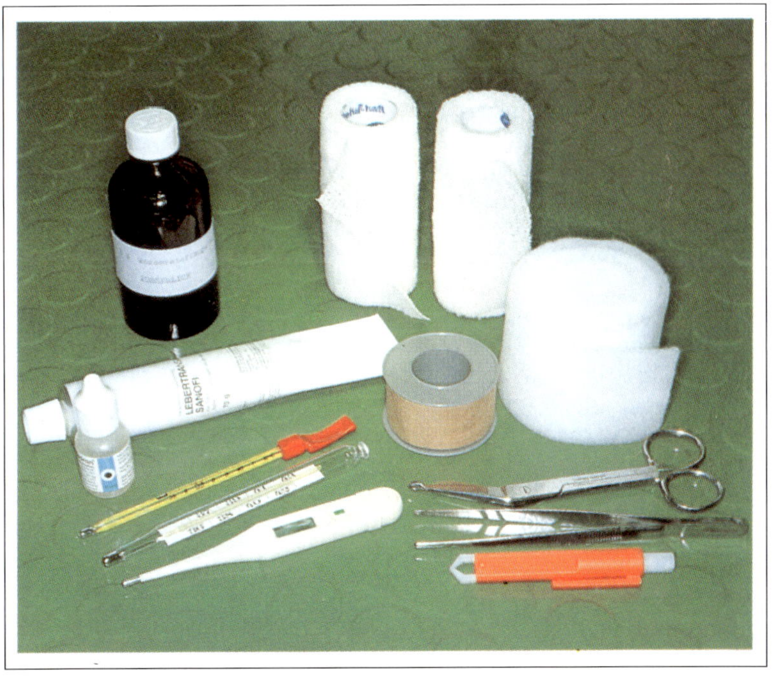

De vez en cuando también hay que controlar que el botiquín del perro esté completo.

medicamentos necesarios según las instrucciones que haya dictado el veterinario.

Compruebe de vez en cuando que el botiquín esté completo y separe los medicamentos caducados. Éstos no deben tirarse a la basura, sino que hay que llevarlos a los puntos de recogida establecidos para ellos o a la farmacia como residuos especiales.

Instrumental

- termómetro (digital o de prismas pequeño para los perros pequeños, de mercurio normal para los perros grandes)
- pinzas para garrapatas
- pinzas para retirar astillas (pinzas anatómicas)
- tijeras para vendas
- 1 jeringuilla de plástico de los tamaños 2, 5 y 10 ml para la administración de medicamentos líquidos

Medicamentos y varios

- desinfectante para heridas
- vaselina para lubrificar el termómetro y para el cuidado de las almohadillas plantares
- 1 tubo pequeño de pomada vulneraria y curativa
- desinfectante para instrumental
- 1 botella pequeña de limpiador para las orejas
- 1 botella de gotas para los ojos para mitigar las irritaciones
- pomada antihistamínica
- ampollas de calcio

Material de vendaje

- compresas de gasa para cubrir heridas
- 3 rollos de vendas acolchadas
- 2 rollos de vendas elásticas
- esparadrapo textil, p. ej. Leukoplast
- algodón
- bastoncillos de algodón
- 1 venda de gasa

CAPÍTULO 4

Primeros auxilios

El propietario de un perro debe estar preparado para realizar unas primeras curas en los casos de emergencia.

Los casos de emergencia son una de las situaciones más difíciles para el propietario en la convivencia con el perro. Aquél debe estar totalmente sereno y relajado para poder actuar consecuentemente y, además, debe tranquilizar a su perro.

Un propietario excitado no puede ayudar a su perro sino incluso causarle un serio perjuicio. Así pues, el autodominio y la cabeza fría son necesarios para poder superar una situación difícil.

Reglas básicas

Debe anotar el número de teléfono y la dirección del veterinario más próximo para los casos de emergencia; en las grandes ciudades, debe disponer de varios números, el del servicio de urgencias veterinarias del barrio o del municipio y el de la clínica más cercana, con servicio las 24 horas del día. Con frecuencia resulta de vital importancia para el perro que acuda usted rápidamente al veterinario. Explíquele brevemente los síntomas al veterinario por teléfono para que, eventualmente, pueda hacer algún preparativo antes de la llegada del paciente.

Es importante el mantenimiento de las constantes vitales del animal. Éstas son la respiración y el sistema cardiocirculatorio.

La respiración

Hay que mantener despejadas las vías respiratorias. En primer lugar, saque la lengua de la boca y colóquela lateralmente entre los colmillos y los molares, con lo que se evita la obstrucción de la laringe. Hay que sacar de la boca los coágulos de sangre, los restos de vómitos o los cuerpos extraños. En caso de lesiones en la región de la boca y de la nariz con hemorragias y pérdida del conocimiento hay que mantener la cabeza inclinada hacia abajo para que la sangre pueda fluir al exterior. Si la respiración se interrumpe, empiece con la respiración artificial.

Respiración boca a nariz: ¡utilizar sólo si no existe ninguna herida en la región de la boca y de la nariz! Para ello, debe usted cerrar la boca del animal e insuflar el aire de la espiración propia en los pulmones del perro a través de los orificios nasales. Observe atentamente si la caja torácica del perro se hincha, lo que significa que lo está haciendo correctamente. Normalmente, el perro respira de 10 a 30 veces por minuto. Por lo tanto, ¡no se precipite! Insuflar aire y esperar, ya que puede que el perro vuelva a respirar por sí mismo. De no ser así, tiene que continuar con la respiración artificial hasta llegar a la consulta del veterinario. Basta con 8 o 10 veces por minuto.

Compresiones torácicas: si las fosas nasales también están dañadas, hay que emplear este método. Debe colocar al perro de lado, presionar fuertemente el tórax con ambas manos y soltar bruscamente.

El corazón y el sistema circulatorio

Para comprobar el sistema cardiocirculatorio, examinar primero las mucosas (véase pág. 39) y, después, tomar el pulso. Si éste no se percibe, buscar los latidos del corazón (véase pág. 55). Si las mucosas están pálidas y no se perciben el pulso ni los latidos del corazón, inicie el masaje cardíaco. Para ello hay que colocar al perro sobre el costado derecho y comprimir el tórax en la región del corazón detrás de la articulación izquierda del codo hasta 70 veces por minuto. Debe alternarse el masaje cardíaco con la respiración artificial, insuflando aire después de seis compresiones cardíacas.

Compruebe de vez en cuando si el corazón empieza a latir de nuevo por sí solo. En tal caso practique únicamente la

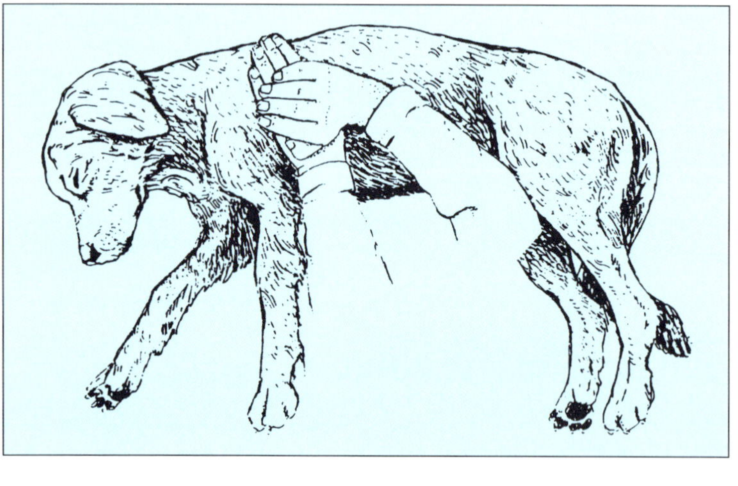

En caso de paro respiratorio, el presionar rítmicamente la caja torácica provoca la aireación de los pulmones.

respiración artificial. Asimismo, controle si la caja torácica vuelve a levantarse por sí misma. Entonces, acudir al veterinario.

Las hemorragias

Las hemorragias arteriales se diferencian claramente de las hemorragias venosas por el brote intermitente de sangre. En el caso de las venas, la sangre brota de forma constante. En las patas se puede colocar rápidamente un vendaje compresivo. Si esto no es posible (por ejemplo en la cabeza o en el cuerpo), un ayudante debe apretar sin interrupción el vaso sangrante con la mano hasta llegar al veterinario más próximo.

Los shocks

Incluso aunque no se detecte ninguna pérdida externa de sangre visible, las hemorragias internas graves pueden provocar un estado de shock. Por este motivo, es imprescindible controlar las mucosas. En estado de shock, las mucosas son de color pálido o porcelana. El perro

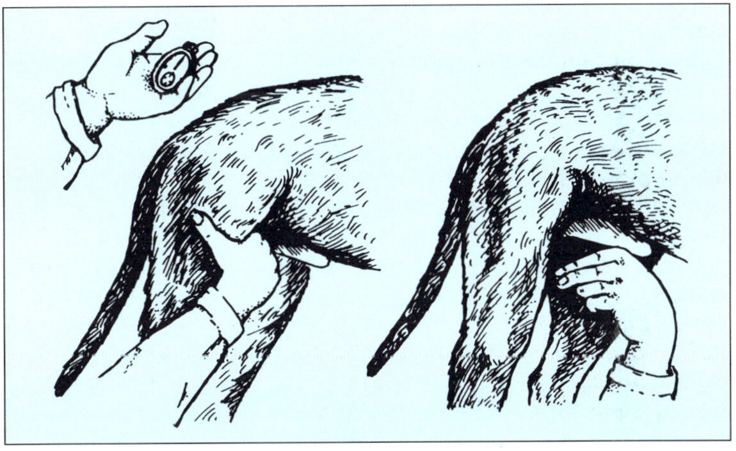

El pulso se puede palpar en la parte interna del muslo.

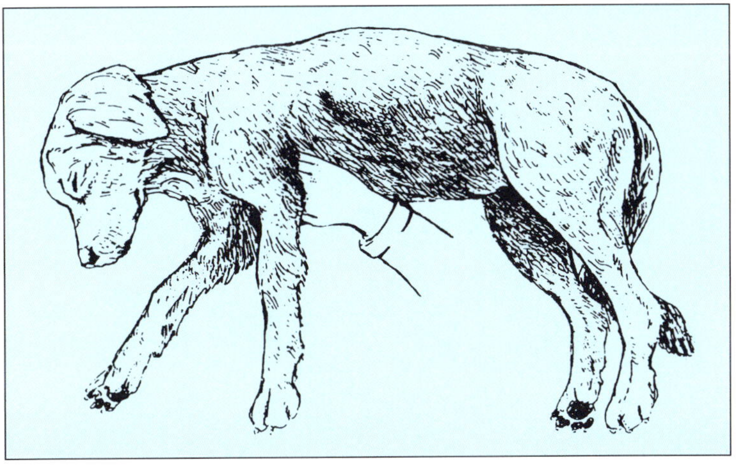

Si no se palpa el pulso, puede notarse el latido del corazón en la parte izquierda de la caja torácica, a la altura del codo.

empieza a temblar y tiene problemas para mantenerse en pie, la respiración se acelera y se hace más superficial y, finalmente, este estado desemboca en una pérdida del conocimiento. Durante el trayecto al veterinario, envolver al animal en una manta que abrigue y controlar la respiración y el pulso.

El traslado al veterinario

Tenga en cuenta que un perro herido siente dolor y puede morder. En general, los perros levemente heridos todavía pueden ir hasta el coche, y los perros pequeños pueden envolverse en una toalla o en un trapo y ser llevados en brazos.

En los perros gravemente heridos, especialmente en los grandes, necesitará a un ayudante. No realice ningún movimiento brusco durante el traslado del perro, éstos pueden ser mortales sobre todo en caso de lesiones de la columna vertebral. Coloque una manta junto al lomo del perro y arrástrele cuidadosamente sobre ésta. A continuación, las dos personas deben deslizar con cuidado los brazos por debajo del perro y levantarle sobre la manta al mismo tiempo. Colóquelo en el asiento trasero del coche o sobre la superficie de carga de una furgoneta (con el lomo hacia el respaldo). Tape el cuerpo del perro con otra manta para que esté caliente.

Reglas básicas de los primeros auxilios

- Aunque resulte difícil, mantener la calma.
- Acudir al veterinario, avisado previamente, lo más rápido posible.
- Cortar las hemorragias externas.
- Controlar las mucosas, la respiración y el pulso y actuar en consecuencia.
- Rápido traslado al veterinario.

En caso de lesiones de la columna vertebral, es preferible una base estable

Los perros gravemente heridos deben ser trasladados con cuidado al veterinario sobre una manta.

(tabla o cartón), y en los perros pequeños una manta. Hay que poner cintas debajo de la tabla para poder atar al animal cuando es colocado encima; así quedará bien estabilizado.

Los accidentes de tráfico

Por desgracia, los perros bien educados también son víctimas de los vehículos rodados, ya que siempre puede haber situaciones en las que su perro se asuste y pueda acabar en la calzada. Por lo tanto, tomar medidas preventivas, es decir, atar al perro de la correa, siempre es mejor que un animal herido.

Tenga siempre en cuenta que un perro después de haber sufrido un accidente está en estado de shock. Aunque haya tenido suerte y sólo se haya hecho heridas leves y de poca consideración, puede estar aturdido y salir corriendo. Intente atraerle hacia sí y atarle de la correa.

En los perros gravemente heridos que todavía están conscientes y que tienen fuertes dolores, es posible que se produzcan reacciones de defensa (son propensos a morder), por lo que hay que colocarles una protección antimordeduras (véase pág. 34), examinarles brevemente en busca de hemorragias externas, controlar las mucosas (debido sobre todo al peligro de shock) y acudir sin pérdida de tiempo a la consulta del veterinario más próximo.

Si se da cuenta de que el perro ya no se apoya sobre una pata o que la postura de una pata es anormal, llévele inmediatamente al veterinario. Éste determinará de forma exacta si se trata de una **fractura ósea**, de una **luxación**

El perro gravemente herido debe ser colocado cuidadosamente sobre la manta por dos personas al mismo tiempo.

o de una **contusión**. Acolche la pata herida con una almohada blanda o una manta durante el traslado.

Sin embargo, si descubre una parte del hueso en la piel y una intensa hemorragia, cubra la herida con gasa estéril (p. ej. del botiquín del coche) y protéjala con un vendaje flojo o una toalla. Asimismo, coloque la pata sobre una base blanda durante el traslado. No le recomiendo que entablille la pata rota. A pesar de la habilidad que pueda tener el propietario, lo único que se consigue con ello es causarle al perro un dolor innecesario, y, debido a la excitación, puede que no quede bien enderezada.

Es mucho más importante trasladar con cuidado al perro al veterinario. Aunque éste no opere inmediatamente la fractura ósea, en caso necesario colocará un vendaje adecuado después de haberla examinado a fondo.

Las **lesiones de la cavidad torácica** son especialmente peligrosas si están causadas por fracturas de las costillas o si la pared torácica resulta dañada por objetos punzantes (véase pág. 78). En tal caso, el perro tiene dificultades para respirar, p. ej. emite un ruido sibilante cada vez que respira, o la piel que cubre las costillas se hincha. Si examina atentamente la piel en esta región, percibirá un crepiteo en la hipodermis.

Presione la herida con un paño limpio o una compresa de gasa hasta que el ruido cese y, entonces, coloque un vendaje compresivo alrededor de la cavidad torácica. Para ello hay que utilizar una venda elástica lo más ancha posible, que debe ser enrollada a la cavidad torácica en espiral y pasada también entre las extremidades anteriores para una mejor sujeción.

Pero después, ¡acuda lo antes posible al veterinario!

Las lesiones por mordedura

Por desgracia, las peleas son bastante frecuentes. Si los perros son del mismo tamaño, éstas no suelen tener un final tan dramático. Como propietario, uno se siente impotente ante los dos perros hechos un ovillo. Si los perros se separan voluntariamente o los dos propietarios agarran con valentía a su perro de la nuca o de la cola, hay que atar a los implicados de la correa.

A continuación hay que examinar brevemente al perro. En los perros de pelo largo, resulta más difícil descubrir las pequeñas mordeduras. Pero si se ha introducido algún germen en la hipodermis desprendida, ésta se inflama al cabo de aproximadamente un día. Ello puede provocar infecciones graves. Por este motivo, una vez en casa hay que examinar todo el cuerpo del perro a conciencia y con calma. Las heridas pequeñas se pueden limpiar con solución de yodo o agua oxigenada al 3 %. ¡Si las heridas son mayores, acudir al veterinario!

El peligro de asfixia por cuerpos extraños

Si un cuerpo extraño obstruye las vías respiratorias, el perro intenta retirarlo frotándose la boca con las patas o la cabeza en el suelo. Si no lo consigue, presenta una respiración acelerada y jadeante, la lengua se tiñe de azul y el perro está amenazado de asfixiarse.

Ábrale la boca (véase pág. 42) e intente sacar el objeto con los dedos. Si no tiene éxito porque el cuerpo extraño se ha deslizado demasiado lejos o se ha quedado clavado en la tráquea, puede ayudar a los perros pequeños de la siguiente forma: coja al perro de las patas posteriores por encima de la articulación de la rodilla y balancéele unas cuantas veces de un lado a otro, o bien un ayudante le golpea sobre el lomo.

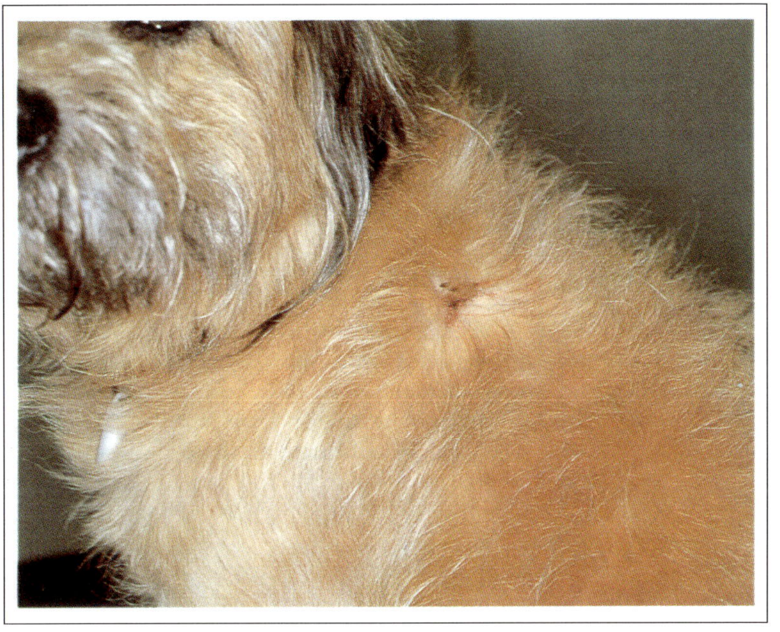

Con frecuencia, la mordedura es pequeña, aunque en la hipodermis pueden existir inflamaciones importantes.

Si el perro es demasiado grande, échele de lado y presione con las palmas de ambas manos brevemente y con fuerza por detrás del arco costal sobre el abdomen. La presión debe estar dirigida hacia delante para que el aire salga de los pulmones debido a la contracción del diafragma y el cuerpo extraño sea expulsado de la tráquea. Si no puede sacar el cuerpo extraño, acuda lo más rápido posible al veterinario.

Los calambres

En los perros, los ataques espasmódicos pueden tener distintas causas, p. ej. epilepsia, intoxicaciones, tumores, etc. El perro presenta movimientos incontrolados, se cae, rema con las patas, realiza movimientos masticatorios, saliva, defeca y orina y, finalmente, puede perder el conocimiento.

Lo más importante es evitar que el perro se autolesione. Aparte al perro de las paredes, los muebles o las escaleras. Coloque colchas o cojines alrededor del perro y, a ser posible, elimine todos los ruidos. ¡Póngase en contacto con el veterinario inmediatamente!

Las picaduras de insectos

Las picaduras de abejas, avispas, avispones u otros insectos pueden poner en peligro la vida del animal si se producen en la región de la cabeza y, especialmente, en la boca (véase pág. 74). En la mayoría de los casos, la zona se hincha mucho, con lo que las vías respiratorias pueden estrecharse en la región de la boca y provocar falta de aireación.

En primer lugar, hay que retirar los insectos si todavía se encuentran adheridos al perro. Si es posible, ¡retirar el aguijón con unas pinzas anatómicas! Si se dispone de una ampolla de calcio para beber, dársela al perro y enfriar la zona de la picadura.

A continuación, acudir inmediatamente al veterinario.

Las intoxicaciones

Guarde los productos químicos de uso doméstico, los productos fitosanitarios, los medicamentos, etc. dentro de la casa fuera del alcance del perro.

Si descubre al perro en el preciso momento de la ingestión del veneno, evite que siga ingiriéndolo mediante una orden enérgica. Los remedios propios con frecuencia pueden ser perjudiciales para el perro, así que debe llamar al veterinario de inmediato, que, eventualmente, le indicará qué medidas de primeros auxilios tomar o le dirá que acuda a la consulta, a poder ser con el veneno o el envase y el perro.

Si no descubre al perro con las manos en la masa, los vómitos frecuentes y el aumento de la salivación, acompañados de ataques convulsivos, pueden ser signos de una posible intoxicación (véase pág. 130). En cualquier caso, debe recurrir de inmediato al veterinario y, a ser posible, llevar consigo una muestra de los vómitos.

CAPÍTULO 5

Enfermedades orgánicas

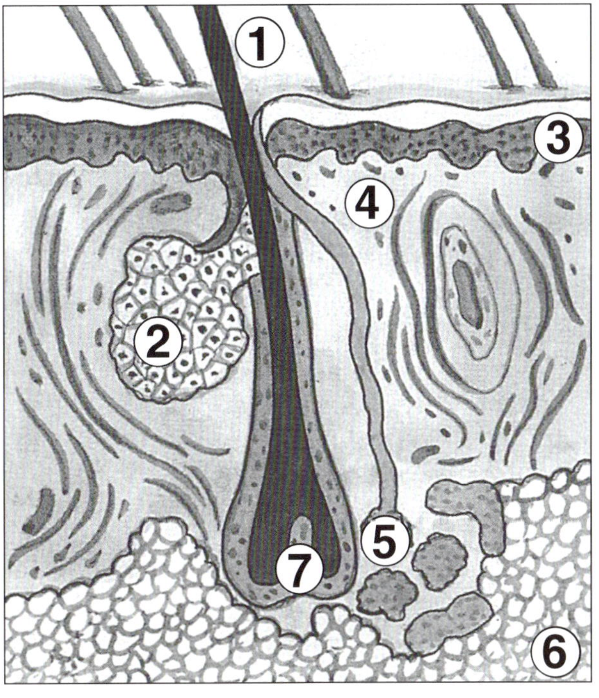

Corte longitudinal esquemático de la piel del perro:
1 *pelo,* 2 *glándula sebácea,* 3 *epidermis,* 4 *dermis,* 5 *glándulas sudoríparas,* 6 *hipodermis,* 7 *bulbo piloso.*

Enfermedades cutáneas

La piel externa está formada por la epidermis, la dermis y la hipodermis. La **epidermis** está compuesta por varias capas de células queratinizadas hacia la superficie cubiertas por una película de piel formada por las secreciones de las glándulas sebáceas, simbiotas (bacterias) y los pelos. En la capa más profunda de estas células epiteliales hay células productoras de pigmento (melanocitos), que determinan la coloración de la piel.

Esta capa superior sirve de protección mecánica, y es más gruesa en las zonas del cuerpo sometidas a una mayor carga como la región dorsal y lumbar. A los lados del cuerpo es más delgada, y en la región del abdomen y en la superficie interior de las patas es donde es más delgada.

En la **dermis**, situada por debajo de la anterior, están incrustadas las glándulas sebáceas y sudoríparas y las raíces capilares. Las glándulas sebáceas trasladan el sebo producido a la superficie y se ocupan de que la piel y el pelo permanezcan flexibles y no se sequen. En los perros, las glándulas sudoríparas se presentan, sobre todo, en la región de las almohadillas plantares; en caso de excitación y de estrés, dejan unas huellas húmedas. La dermis es rica en vasos sanguíneos y linfáticos, que sirven para la nutrición y el abastecimiento de la epidermis, los pelos y las glándulas. Además, en ellos hay numerosas células inmunológicas.

Las raíces capilares están incrustadas en la dermis, rodeadas de vasos sanguíneos y de células de pigmento, mientras que los pelos penetran en la epidermis para salir a la superficie. Los pelos disponen de músculos en su raíz, con los que son erizados; los pelos sensoriales especiales (alrededor del hocico, de los orificios nasales y de los ojos) cuentan, además, con un nervio sensorial que transmite los estímulos mecánicos.

Debajo de la epidermis y de la dermis está la **hipodermis**, que con sus depósitos adiposos contribuye al aislamiento térmico y al acolchamiento.

Las enfermedades de la piel y del pelaje pueden tener causas internas o externas. Con frecuencia, los cuadros clínicos se entremezclan y, por lo tanto, requieren una exploración a conciencia y un diagnóstico exacto.

Caída del pelo

La caída del pelo puede considerarse normal en primavera y otoño durante la muda del pelaje, pero también en las hembras después del parto o del celo. Sin embargo, si se forman calvas y se observan otras manifestaciones tales como prurito, formación de escamas e inflamaciones, ello es debido a una enfermedad.

Causa: las escudillas de la comida de bordes afilados y los collares u otras guarniciones estrechos son, con frecuencia, causas mecánicas. Las infecciones por bacterias, hongos o ataques de gusanos, pero también las enfermedades de los órganos internos provocan la caída del pelo, especialmente en caso de trastornos hormonales o intoxicaciones.

Síntomas: si las causas son mecánicas, la caída del pelo o los pelos quebrados se localizan en el cuello, la cabeza o la región del lomo. En caso de infección, el perro presenta, además de caída del pelo, prurito intenso, en ocasiones formación de escamas o pequeñas pústulas purulentas. En caso de intoxicación y de otras enfermedades orgánicas, además el perro presenta un estado general alterado.

Tratamiento: a veces, el propietario puede eliminar la causa, por ejemplo cambiando la escudilla de la comida o el collar. Además, se puede estimular el crecimiento del pelo mediante una alimentación equilibrada o mediante la administración de vitaminas. En cualquier caso, durante la muda del pelaje hay que eliminar los pelos muertos peinando o cepillando regularmente al perro. Si esto no tiene éxito, es necesario que el veterinario prescriba un tratamiento.

Pelaje sin brillo

Según la raza canina y la calidad del pelaje determinada por ésta, una alteración del pelaje es signo de enfermedad.

Causa: las causas pueden ser falta de cuidados, una mala alimentación, ataques de parásitos o enfermedades orgánicas (p. ej. hígado, riñones).

Síntomas: el pelaje es mate y quebradizo, los pelos se rompen en parte y, de forma aislada, se presentan escamas claras.

Tratamiento: el propietario debe peinar y cepillar regularmente al animal para retirar los pelos sueltos. En la alimentación, vigilar siempre que el aporte de aminoácidos esenciales, ácidos grasos insaturados, oligoelementos tales como el cinc, el yodo y las vitaminas A, B_2, B_6, H y ácido nicotínico sea óptimo. Cuando las causas son enfermedades orgánicas o ataques parasitarios, el veterinario debe someter a tratamiento la enfermedad de base.

Pérdida de pigmentación en el pelaje

Las células productoras de pigmento de la raíz capilar dejan de producir y, en lugar de los pelos oscuros normales, crecen pelos blancos.

Causa: esta manifestación se presenta como proceso normal de envejecimiento a partir de los 5 o 6 años de edad. La aparición de canas se observa especialmente en la región de los labios, de la barbilla, de los ojos y de las orejas. Pero también después de heridas cutáneas profundas, abscesos o inyecciones pueden quedar zonas claras.

Tratamiento: no es posible.

Aumento de pigmentación en el pelaje

Las zonas de piel de coloración oscura se presentan en un gran número de enfermedades cutáneas.

Causa: las causas pueden ser enfermedades cutáneas crónicas (p. ej. alergias, infecciones fúngicas), ataque parasitario, trastornos hormonales o un tumor cutáneo local.

Síntomas: en la mayoría de los casos, la piel carece de pelo, presenta una coloración negra y, además, puede estar engrosada en esta zona.

Tratamiento: depende de la enfermedad de base y debe realizarse por parte del veterinario.

Quemaduras de sol

Los perros blancos y de pelo corto o los perros sin pelo o con zonas cutáneas blancas, como por ejemplo el lomo de la nariz en el Collie, están especialmente amenazados.

Causa: irradiación solar intensa sobre piel no pigmentada.

Síntomas: desde enrojecimiento de la piel hasta formación de ampollas y costras. Una infección bacteriana adicional puede provocar una inflamación cutánea.

Tratamiento: como medida preventiva, hay que aplicar a estos perros un aceite protector solar si se tiene previsto permanecer mucho tiempo al sol. Si las quemaduras de sol ya se han producido, hay que tratar la piel enferma con pomadas curativas y protectoras. Queda prohibida la permanencia al sol hasta la curación.

Inflamación de la glándula de Viol

La glándula de Viol es una glándula sebácea localizada en la cola que en los animales carnívoros sirve para marcar.

Causa: un aumento de las células glandulares de la piel, el cual se presenta especialmente en los perros más mayores. Además, la piel puede inflamarse si el animal se lame constantemente la piel.

Síntomas: en caso de enfermedad, la glándula se presenta como una zona ovalada sin pelo en la cara superior de la cola, a unos pocos centímetros del nacimiento de la cola. En la mayoría de los casos, la piel está engrosada, y, en caso de inflamación, se observa, además, una secreción purulenta.

Tratamiento: un tratamiento local con pomadas, evitando al mismo tiempo que el perro se lama, puede contribuir a la curación. Si esto no es posible, hay que eliminar quirúrgicamente la zona de piel afectada.

Ateroma

Los ateromas pueden presentarse en los perros mayores por toda la piel.

Causa: una oclusión de la glándula sebácea.

Síntomas: en esta zona, la piel está engrosada y, a veces, se puede vaciar mediante presión una masa granulosa.

Tratamiento: si los ateromas son pequeños, el veterinario puede eliminar la glándula sebácea mediante anestesia local.

Lesiones en las uñas

Las uñas de los perros están asentadas sobre el lecho óseo de la uña y lo recubren con una gruesa capa córnea. Las uñas se desgastan debido al roce al andar (véase cómo cuidar de las uñas en pág. 11).

Causa: heridas cortantes o rotura de la uña, que pueden complicarse con infecciones bacterianas o fúngicas.

Síntomas: si una uña está dañada y el lecho de la uña está afectado, en la mayoría de los casos se producen hemorragias intensas. El perro se lame la uña afectada, la piel de la matriz de la uña se engrosa y, en caso de inflamación, puede presentarse una secreción purulenta. En los casos avanzados, el perro deja de apoyarse sobre esa pata.

Tratamiento: en las heridas recientes, el propietario debe colocar un vendaje protector después de desinfectar la herida. Si la uña se levanta del lecho de la uña, debe ser arrancada por el veterinario bajo anestesia. En caso de inflamación, hay que llevar a cabo un tratamiento local en forma de baños o vendajes con pomada.

Úlceras de decúbito

La piel reacciona a la presión o al rozamiento con un engrosamiento de la capa córnea.

Causa: cuando los perros grandes y de pelo corto o los perros delgados permanecen echados sobre una base dura.

Síntomas: estos perros presentan, con especial frecuencia, una zona engrosada, callosa y sin pelo de superficie áspera lateralmente respecto al codo. En tal caso, las heridas diminutas permiten la introducción de bacterias y pueden provocar una inflamación.

Tratamiento: en primer lugar, hay que proporcionar al perro una base blanda y acolchada. Hay que cuidar la piel con pomadas untuosas o, en caso de inflamación, utilizar pomadas que contengan antibióticos.

Necrosis de la punta de la cola

Causa: se produce por lesiones al golpear la cola, especialmente en perros de pelo corto.

Síntomas: zonas de piel ensangrentadas, cubiertas de costras o purulentas en la cola que no se curan bien.

Tratamiento: tratamiento local con pomadas; como protección frente a posteriores lesiones mecánicas, el veterinario colocará al perro un vendaje acolchado. En los casos avanzados, la única posibilidad es la amputación de la cola.

Inflamación interdigital

Causa: las lesiones de la piel por cuerpos extraños tales como trozos de cristal, astillas de madera, raspas y la suciedad de los pelos entre los dedos así como la sal para deshacer la nieve provocan una inflamación. Pero los ácaros también pueden ser la causa.

Síntomas: la piel de entre los dedos está enrojecida, y el perro se lame intensamente. El pie se hincha, produce un fuerte dolor, y el perro ya no se apoya sobre él.

Tratamiento: se puede prevenir de forma satisfactoria mediante el cuidado regular de las patas (véase pág. 11). En caso de prurito intenso, hay que evitar que el perro se lama mediante un vendaje protector. A ser posible, retirar inmediatamente los cuerpos extraños, o dejar que lo haga el veterinario, y, a continuación, desinfectar la zona de penetración. Si la causa son los ácaros, es necesario que el veterinario prescriba un tratamiento.

Inflamaciones cutáneas de origen bacteriano (piodermia)

En la mayoría de los casos, las bacterias penetran en la piel de forma secundaria después de que el perro se haga alguna herida, sufra ataques parasitarios, se ensucie, se lama de forma insistente, padezca enfermedades hormonales o inmunológicas.

Causa: las bacterias se introducen en un folículo piloso y provocan una inflamación (foliculitis). Normalmente se trata de estafilococos. Pero la inflamación también puede estar causada por el frotamiento de los pliegues cutáneos, primero de forma mecánica y posteriormente por el asentamiento de bacterias. Después de haberse producido una herida, por ejemplo por mordedura, las bacterias pueden penetrar en la hipodermis, el tejido se funde y se forma una cavidad en la que se acumula el pus (absceso).

Síntomas: en la foliculitis, en la barbilla, el lomo y la cara externa de las patas se forman pequeños enrojecimientos prominentes y pústulas, que revientan al lamerse y rascarse y forman depósitos de costra sobre la piel.

Las inflamaciones de los pliegues cutáneos se presentan en las razas de perros con una formación de pliegues marcada (p. ej. Boxer, Cocker spaniel, Carlino, Pekinés, Bulldog, Shar pei, etc.). Resultan afectados los pliegues labiales, nasales, del nacimiento de la cola y de la vulva. Primero, los surcos están enrojecidos y, a continuación, se forman depósitos húmedos que pueden oler mal.

En la formación de abscesos se observa un aumento del volumen de la piel, que se hincha y se vuelve vesicular. La zona es dolorosa, está enrojecida, y en los abscesos de mayor magnitud puede presentarse fiebre. Durante el proceso de maduración del absceso se forma una cúpula, la piel revienta y sale pus.

Tratamiento: es imprescindible practicar un cuidado regular de la piel especialmente en las razas con formación de pliegues. Es decir, durante la muda del pelaje hay que eliminar los pelos sueltos mediante el cepillado regular. Después de comer, limpiar los labios con una toalla desechable.

En los casos leves, el tratamiento local con pomadas puede tener un efecto curativo; en los casos extremos, la única solución es eliminar los pliegues mediante cirugia plástica. Si están inflamadas grandes zonas de piel, los baños medicinales combinados con antibióticos en forma de comprimidos o inyecciones detienen el avance de la enfermedad.

Los veterinarios hacen madurar los abscesos cerrados con pomadas vesicatorias, o, si todavía son muy pequeños, también pueden ser tratados con inyecciones de antibióticos. En los abscesos recién reventados, la herida debe tratarse mediante lavados.

Inflamaciones cutáneas de origen fúngico (micosis)

Por desgracia, las enfermedades cutáneas fúngicas no son raras en los perros y pueden ser contagiadas al hombre. En el caso de las infecciones por levaduras, en la mayoría de los casos es necesario que la piel o la mucosa esté previamente lesionada. Si el sistema inmunitario está debilitado, las enfermedades pueden durar mucho tiempo.

Causa: los hongos cutáneos son el *Microsporum canis* o el *Trichophyton mentagrophytes*; el contagio se realiza por contacto. En el caso de las levaduras, la infección es debida a *Candida albicans*.

Síntomas: sobre la piel se observan zonas sin pelo y que causan prurito, que se van extendiendo. En el centro de la zona sin pelo también se puede observar una coloración oscura y formación de escamas. El hongo se extiende hacia la periferia. Las infecciones por levaduras se presentan especialmente en la piel y las mucosas de la boca, de la nariz y de la vagina. Se producen depósitos grises sobre las mucosas enrojecidas con un olor típicamente fétido.

Tratamiento: es intensivo y largo, y comporta baños regulares, pomadas y, además, la administración de comprimidos. Asimismo, es necesario limpiar el entorno con desinfectantes fungicidas, ya que las esporas de los hongos conservan su capacidad infecciosa durante meses.

Enfermedades cutáneas en caso de trastornos hormonales

Las hormonas son producidas, entre otros, en la hipófisis (hormona del crecimiento), la glándula tiroides (hormona tiroidea), la glándula suprarrenal (p. ej. cortisol), los ovarios (p. ej. estrógenos) y los testículos (testosterona).

Causas: las alteraciones cutáneas están provocadas o bien por un déficit hormonal (p. ej. de la hipófisis y de la tiroides), o bien por un exceso de hormona adrenocortical o de estrógeno.

Síntomas: además de manifestaciones generales (véase pág. 123), estos perros presentan o bien un pelaje ralo o zonas de piel sin pelo. Los pelos ya no vuelven a crecer en estas zonas, y la piel desnuda se vuelve de color negro y, parcialmente, está cubierta de escamas.

Tratamiento: éste sólo es posible tras la determinación exacta del diagnóstico por parte del veterinario. En algunos casos, las hormonas de las que se carece pueden ser administradas al perro en forma de comprimidos. En caso de exceso de hormonas, p. ej. de estrógenos, la castración sirve de ayuda.

Tumores cutáneos

Los tumores cutáneos pueden ser benignos o malignos. El veterinario es el único que puede establecer el diagnóstico, y, en algunos casos, sólo con la ayuda de un análisis de tejido.

Tumores benignos: se presentan con frecuencia en la vejez, se desarrollan lentamente y están bien delimitados. Así, por ejemplo, las callosidades, las verrugas y los lipomas son frecuentes en el Cocker spaniel o en el Caniche.

Tratamiento: cuando los tumores resultan molestos al peinar o el perro se los lame o mordisquea, éstos pueden ser eliminados por el veterinario bajo anestesia local.

Tumores malignos: generalmente se desarrollan con suma rapidez y su superficie a menudo está inflamada.

Tratamiento: es necesaria su eliminación quirúrgica por parte del veterinario, que consiste en la sección generosa del tumor para no provocar metástasis.

Alergias

Las alergias pueden estar provocadas por las sustancias más diversas.

Alergia por contacto

Causa: los medicamentos de uso externo, los detergentes, los productos de limpieza y para el cuidado, los colorantes, el cromo, el níquel, la cola o las plantas herbáceas pueden provocar reacciones de hipersensibilidad.

Síntomas: allí donde ha estado en contacto con la sustancia especial, sobre todo las zonas con poco pelo como el abdomen, el pecho o la cara interna de las patas, la piel está enrojecida; se forman pequeñas ampollas, y el perro presenta un prurito intenso. Debido a una infección bacteriana adicional causada por las rascaduras se puede desarrollar una inflamación cutánea extensa y supurativa.

Tratamiento: a ser posible, hay que evitar la sustancia desencadenante de la alergia. Para el tratamiento local y los medicamentos calmantes del prurito, consultar al veterinario.

Alergia alimentaria

Causa: la carne de cerdo, de caballo o de vaca, así como el pescado, la leche y los productos lácteos y los aditivos de los productos alimentarios pueden provocar alergia.

Síntomas: en primer lugar, prurito y una inflamación cutánea provocada por las rascaduras con pequeñas pústulas en el abdomen y en las axilas.

Tratamiento: hay que procurar eliminar la sustancia causante de la alergia mediante una dieta especial. Ésta al principio será a base de cordero y arroz porque estos alimentos rara vez causan alergia hoy en día. Naturalmente, hay que añadirles las vitaminas, los minerales, los oligoelementos y los ácidos grasos esenciales.

Atopia

Causa: sustancias alergénicas como el polen, el polvo doméstico, los ácaros del polvo doméstico o los pelos de animal que son inhalados o recogidos por contacto con la piel.

Síntomas: el perro se frota la cabeza, se lame las patas y se rasca las axilas o la región inguinal. Debido a la lesión mecánica de la piel, pueden introducirse bacterias y provocar una inflamación cutánea.

Tratamiento: en la mayoría de los casos, el perro no puede ser alejado de la sustancia alergénica, por lo que el tratamiento debe ser realizado por el veterinario.

Enfermedades cutáneas de origen autoinmune

Se trata de enfermedades cutáneas graves que, en la mayoría de los casos, deben ser tratadas durante toda la vida.

Causa: un descuido del sistema inmunitario del organismo hace que los anticuerpos (sustancias de defensa que, normalmente, actúan frente a bacterias y virus, por ejemplo) ataquen componentes de la piel y los destruyan.

Síntomas: las enfermedades se presentan, en un primer momento, a través de formación de escamas en la nariz, las orejas o las yemas de los dedos. A medida que la enfermedad avanza, las capas de piel superficiales se desprenden y se forman profundas grietas con formación de costras, o bien el perro presenta ulceraciones profundas en la transición entre la piel y las mucosas, especialmente en la zona de la boca, en los párpados, en los orificios nasales, en el ano, en la vagina o en el prepucio. Además, puede existir prurito intenso.

Tratamiento: en la mayoría de los casos, éste es necesario durante toda la vida en forma de comprimidos y de pomadas por parte del veterinario.

Ectoparásitos

Las inflamaciones cutáneas pueden estar provocadas por parásitos que viven en la piel o en la sangre.

Leishmaniosis cutánea

Las leishmanias son organismos unicelulares (protozoos) que atacan y destruyen células cutáneas.

Causa: son transmitidos por insectos que chupan la sangre sobre todo en países mediterráneos.

Síntomas: la piel del perro se vuelve escamosa y en ella se forman pequeñas grietas. Debido a una infección bacteriana adicional se forman pequeñas úlceras y costras.

Tratamiento: el tratamiento de estos parásitos es extremadamente difícil, ya que todos los medicamentos tienen importantes efectos secundarios. Es mejor prevenir y combatir a los transmisores (mosquitos de la arena) con insecticidas.

Ácaros del pelaje

Se alimentan de pequeños trozos de piel y adhieren sus huevos a los pelos del perro. Los ácaros del pelaje son visibles con la ayuda de una lupa.

Causa: *Cheyletiella* que es transmitido a través del contacto directo con perros afectados. Estos ácaros del pelaje también pueden infectar al hombre.

Síntomas: con frecuencia, los perros jóvenes están infectados con ácaros del pelaje. Llama la atención una intensa formación de escamas, especialmente en la cabeza y el lomo.

Debido al prurito, que puede ser de distinta intensidad, el perro reacciona rascándose y se produce un enrojecimiento de la piel con formación de costras.

Tratamiento: baños con insecticidas y, después, collares antiparasitarios; pero también hay que tratar el entorno del animal con preparados antiparasitarios para que no pueda producirse una nueva infección.

Ácaros cutáneos

Los ácaros cutáneos abren canales en la piel de los perros, pero también pueden sobrevivir hasta tres semanas en el entorno del perro sin alimentarse.

Causa: *Sarcoptes canis* que puede ser transmitido por el contacto directo entre dos perros, pero también por las alfombras o los cepillos. Asimismo, puede afectar al hombre.

Síntomas: esta enfermedad se caracteriza por un intenso prurito y caída del pelo, empezando por el borde de la oreja, el lomo de la nariz y los párpados. Si no es sometida a tratamiento, sigue extendiéndose, especialmente a las patas y

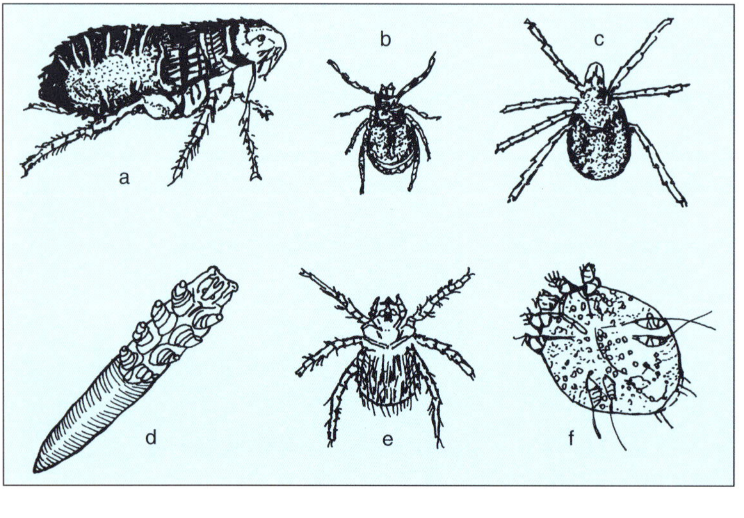

Parásitos externos del perro:
a *Pulga del perro (2-3,5 mm),*
b *Garrapata macho y* c *Garrapata hembra (unos mm),* d *Ácaro del folículo piloso (0,3 mm),* e *Ácaro de la hierba (0,2-0,5 mm) y* f *Arador de la sarna (0,4 mm)*

al abdomen. Las rascaduras y los mordiscos provocan una inflamación cutánea bacteriana con formación de costras.

Tratamiento: en primer lugar, hay que eliminar las costras mediante baños adecuados. A continuación, hay que bañar al perro con insecticidas o dejar que el veterinario le inyecte los insecticidas. Es completamente necesario tratar el entorno del perro, ya que los ácaros pueden sobrevivir en él.

Ácaros del folículo piloso

Los ácaros viven en los folículos pilosos y se alimentan de éstos y de la secreción de las glándulas sebáceas.

Causa: *Demodex canis* que ataca sobre todo a los perros jóvenes de las razas de pelo corto o a los viejos con el sistema inmunitario debilitado. El ácaro ya es transmitido por la hembra a los cachorros.

Síntomas: en la forma limitada localmente de demodicosis, en la cabeza o las patas se forman zonas redondas sin pelo que presentan numerosas escamas en los bordes. El prurito puede no presentarse o estar poco marcado. En la forma generalizada, los ácaros se extienden por todo el cuerpo, el prurito es intenso y, debido a una infección bacteriana adicional, se forman pústulas purulentas.

Tratamiento: la forma limitada localmente de esta enfermedad puede ser tratada con éxito con baños con insecticidas, o, a veces, se cura espontáneamente por sí sola. La forma generalizada comporta un tratamiento largo y costoso. Si las defensas del perro están muy debilitadas, la curación no es posible.

Ácaros de la hierba

Sólo las larvas de ácaros de la hierba se adhieren a la piel y se alimentan de ella. Los ácaros viven en el suelo y se alimentan de sustancias orgánicas pequeñas.

Causa: *Neotrombicula autumnalis*, transmitido a partir de finales de julio por plantas al aire libre. También puede afectar a las personas.

Síntomas: se les puede ver a simple vista en forma de pequeños puntitos de color naranja entre los dedos, en la nariz, las orejas, el abdomen, la cara interior de las patas y las axilas. En estas zonas, la piel está amoratada, y el perro presenta un intenso prurito.

Tratamiento: están indicadas la aplicación de insecticidas por contacto y, eventualmente, medidas calmantes del prurito. El perro debe llevar un collar antiparasitario a modo preventivo.

Piojos succionadores y mordedores

Viven en el pelaje del perro y se alimentan succionando sangre y de las escamas cutáneas.

Causa: los piojos succionadores *(Linognathus setosus)* y los mordedores *(Trichodectes canis)* son transmitidos a través del contacto directo.

Síntomas: ambos parásitos provocan un prurito intenso, y debido a las rascaduras del perro se origina una inflamación cutánea con formación de costras. En caso de ataque masivo, especialmente en los perros jóvenes, los piojos succionadores pueden provocar anemia. Dado que los piojos mordedores pueden transmitir la tenia *Dipylidium caninum*, hay que examinar las heces de los perros enfermos por si hay proglótides.

Tratamiento: lo mejor es bañar al perro con insecticidas siguiendo las instrucciones del veterinario.

Pulgas

Las pulgas se desarrollan en el entorno del perro y en su pelaje. Estos animales saltan normalmente sobre el perro y le chupan la sangre.

Causa: los perros se ven afectados principalmente por la pulga canina *(Ctenocephalus canis)*, pero también por pulgas de los gatos, del hombre, de los pájaros o de los roedores. El contagio tiene lugar de un perro a otro o a través de arbustos, lugares de reposo, etc. La pulga canina es transmisora de la tenia *Dipylidium caninum.*

Síntomas: el perro presenta un prurito intenso, y en el pelaje pueden ser visibles los excrementos de la pulga de color marrón oscuro. Debido a las rascaduras, los pelos se desprenden, y en la región del cuello, de las ancas, del abdomen, de la cara interna de las patas y de las axilas se forman costras. Algunos perros desarrollan una alergia debido a la saliva de las pulgas, de modo que el prurito persiste incluso después de la aniquilación de las pulgas, o una picadura de pulga produce inflamaciones cutáneas importantes.

Tratamiento: bañar al perro con insecticidas, pero no olvidar tratar también el lugar de reposo. En caso de inflamación extensa de la piel, están indicados un tratamiento local adicional con pomadas o incluso también la administración de antibióticos.

Garrapatas

En el caso de las garrapatas, éstas succionan al perro durante varios días en todos los estadios de desarrollo.

Causa: las garrapatas *(Ixodes rhicinus)* se encuentran entre la maleza y sobre las plantas. Con la ayuda del sentido del olfato, éstas localizan al perro o al hombre y se dejan caer sobre él. La garrapata canina marrón *(Rhipicephalus sanguineus)* es propia de los países mediterráneos.

Síntomas: en el lugar de la picadura se observa enrojecimiento e hinchazón, que con frecuencia sigue siendo visible después de bastante tiempo de la caída de la garrapata. *Ixodes rhicinus* puede transmitir borreliosis, una infección bacteriana, y, además, la garrapata canina marrón

Estas garrapatas se obtuvieron de un único perro en pocos días.

babesiosis (véase pág. 126) y ehrliquiosis (véase pág. 129).

Tratamiento: retire las garrapatas con unas pinzas para garrapatas especiales. Con ellas la garrapata es agarrada por abajo de los miembros bucales y extraída de la piel por palanca. Si quedan restos de los miembros bucales, éstos pueden ser retirados con unas pinzas afiladas. No rociar el cuerpo de la garrapata con aceite o similares o apretar las pinzas sobre éste, ya que de lo contrario las borrelias pueden introducirse en las vías sanguíneas a través del orificio de la picadura.

Es mejor prevenir. Peine a su perro después de cada paseo y de esta forma retirará los ejemplares que todavía no se hayan adherido a su cuerpo. O póngale al perro un collar antiparasitario.

Dado que la garrapata canina marrón se desarrolla en medios cálidos, es recomendable un tratamiento a fondo del entorno con un fumigador.

Enfermedades cardíacas y circulatorias

El **corazón** es un órgano hueco musculoso que se encuentra en el centro de la caja torácica, ligeramente desplazado a la izquierda. Está rodeado por el pericardio. El corazón está dividido en una mitad derecha y otra izquierda, y cada mitad está formada por un atrio (aurícula) y una cámara (ventrículo). Los orificios que se encuentran entre las aurículas y los ventrículos pueden cerrarse mediante válvulas auriculoventriculares, la tricúspide a la derecha y la mitral (bicúspide) a la izquierda, para impedir el reflujo de la sangre.

Para poder cumplir su función como bomba de sangre, el corazón tiene que contraerse (sístole) y dilatarse (diástole). Esta coordinación de las células del miocardio, el músculo cardíaco, es controlada por un sistema de conducción de estímulos localizado en el corazón. La frecuencia cardíaca es de 70-120 latidos

Con unas tenazas especiales para garrapatas, éstas pueden ser eliminadas fácilmente.

por minuto. Las responsables de que la corriente sanguínea desde y hacia el corazón se realice en la dirección correcta son, dentro del corazón, las válvulas auriculoventriculares (entre la aurícula y el ventrículo) y, en los grandes vasos eferentes (aorta, arteria pulmonar), las válvulas semilunares. En el caso de la circulación, se distingue entre mayor (circulación general) y menor (circulación pulmonar). En la circulación general, la sangre rica en oxígeno es bombeada a todo el cuerpo mediante la contracción del ventrículo izquierdo a través de la aorta. La sangre que refluye procedente del cuerpo, a la que se le ha extraído el oxígeno y que está enriquecida con anhídrido carbónico, corre por las venas hacia las grandes venas cavas (anterior y posterior) y, desde éstas, a la aurícula derecha del corazón.

En este momento se inicia la circulación pulmonar: desde la aurícula derecha, la sangre llega al ventrículo derecho a través de la válvula auriculoventricular abierta y, desde aquí, al pulmón a través de la arteria pulmonar. En las vesículas pulmonares, la sangre se desprende del anhídrido carbónico y se llena de nuevo de oxígeno. La sangre enriquecida con oxígeno llega a la aurícula izquierda a través de las venas pulmonares.

Así pues, la mitad derecha del corazón es responsable de la circulación pulmonar y la mitad izquierda de la circulación general. Dado que la mitad izquierda del corazón tiene un mayor rendimiento, el músculo cardíaco es aquí más grueso que en el ventrículo derecho.

Las enfermedades del corazón tienen que ser clarificadas por el veterinario mediante exámenes minuciosos. Con frecuencia, además de la auscultación del corazón y de la toma del pulso, son necesarios otros exámenes tales como radiografías, ECG y ecografías.

Enfermedades cardíacas y circulatorias congénitas

Son provocadas por desarrollos defectuosos durante el periodo fetal y, en parte, son hereditarias. Los perros se ponen enfermos ya de cachorros y mueren en las primeras semanas de vida, o durante el primer año de vida se produce una muerte súbita.

Causas: los orificios de los septos provocan la mezcla de la sangre rica en oxígeno con la que es rica en anhídrido carbónico (defecto del septo auricular y defecto del septo ventricular). Las estenosis de los grandes vasos que salen del corazón provocan la dilatación de la mitad izquierda del corazón si está afectada la aorta y de la mitad derecha si está afectada la arteria pulmonar. Las malformaciones vasculares tales como la persistencia del cortocircuito entre la aorta y la arteria pulmonar o la permanencia de un arco aórtico derecho de la aorta normalmente dispuesta a la izquierda tienen como consecuencia enfermedades graves.

Síntomas: en caso de defectos del septo y de estenosis de los grandes vasos, los cachorros se cansan en seguida y presentan trastornos respiratorios y tos. Si existe conducto arterial o de Botal, la consecuencia es una coloración azul de las patas posteriores en los perros de piel clara, fracaso de los cuartos traseros y muerte súbita en las primeras semanas de vida.

Si la aorta está mal dispuesta, el esófago está comprimido. Los cachorros vomitan la comida poco después de habérsela tragado. A pesar de que tienen un hambre voraz, no se desarrollan lo suficiente. En la mayoría de los casos, no tienen problemas para ingerir líquidos.

Tratamiento: con frecuencia, el tratamiento sólo es posible o no ofrece garantías a través de complicadas operaciones. Dado que las enfermedades son hereditarias, los perros con defectos no tan graves que sobrevivan deben ser excluidos de la cría.

Enfermedades de las válvulas cardíacas

En la mayoría de los casos, los síntomas no se detectan hasta una edad avanzada.

Causas: oclusión incompleta de las válvulas auriculoventriculares, en la que pueden estar afectados uno o ambos ventrículos.

Síntomas: no se detectan hasta que la fuerza del miocardio disminuye (insuficiencia cardíaca).

Tratamiento: véase insuficiencia cardíaca.

Enfermedades del miocardio

El miocardio enferma debido a sobrecargas que pueden estar provocadas por las enfermedades antes descritas. También las enfermedades infecciosas como la parvovirosis (véase pág. 127) provocan inflamaciones del miocardio y, en los perros, pueden tener como consecuencia la muerte súbita.

Causa: debido a la sobrecarga prolongada puede producirse una dilatación del miocardio y, con ello, un aumento del tamaño de las aurículas o de los ventrículos. O bien el miocardio reacciona con un aumento de la masa muscular, y la cavidad del corazón resulta comprimida.

Síntomas: llama la atención el poco rendimiento de los perros, éstos presentan una respiración dificultosa, en algunos casos tos o acumulación de agua en el abdomen y pérdida de peso.

Tratamiento: debe ser realizado por el veterinario tras un examen minucioso y la clarificación de la causa.

Insuficiencia cardíaca

El corazón tiene que tener un rendimiento continuo. Durante un cierto tiempo, éste es capaz de compensar las enfermedades aumentando su rendimiento. Pero llega un momento que está agotado, su capacidad de rendimiento es limitada y se producen manifestaciones patológicas.

Causa: entran en consideración todas las enfermedades citadas anteriormente, además de tumores en el corazón.

Síntomas: los perros se fatigan con los esfuerzos normales. Ya no les gusta hacer ejercicio, especialmente cuando hace calor. Cabe destacar los ahogos y la tos, y en los casos avanzados aumenta el volumen del abdomen debido a la acumulación de líquidos, los perros pierden peso y no tienen hambre.

Tratamiento: es importante administrar regularmente al perro los medicamentos prescritos y en las dosis indicadas. No dejar de administrar los medicamentos sin hablar antes con el veterinario porque al perro le va mejor. Se puede reforzar el tratamiento con una alimentación adecuada (véase pág. 22), y, en cualquier caso, no hay que someter al perro a esfuerzos excesivos.

Shock circulatorio

En el shock circulatorio se produce un desequilibrio entre la cantidad de sangre y la capacidad de los vasos sanguíneos. Los órganos vitales tales como el cerebro, los riñones y el corazón no reciben suficiente sangre porque ésta está "estancada" en la periferia.

Causa: pérdidas de sangre y de líquidos, p. ej. por lesiones externas (véase pág. 57), hemorragias internas como tumores del bazo o del hígado (véase pág. 125 y pág. 94), quemaduras, vómitos, diarrea u oclusión intestinal (véase pág. 86). Insuficiencia cardíaca, en la que el corazón ya no puede bombear suficiente sangre a la periferia debido a una disminución de la potencia de rendimiento.

En el shock anafiláctico, las paredes de los vasos sanguíneos resultan dañadas y se vuelven permeables o son desplazadas. Los desencadenantes pueden ser sustancias tóxicas de plantas o de insectos o medicamentos. Debido a los daños en el cerebro, p. ej. conmoción cerebral, inflamaciones o tumores (véase pág. 117) el centro de regulación vascular resulta afectado, y debido al desplazamiento vascular subsiguiente se provoca el estancamiento de la sangre. Pero también las enfermedades infecciosas en las que se liberan sustancias tóxicas bacterianas pueden dañar las paredes vasculares y provocar un shock circulatorio.

Síntomas: los perros presentan una respiración rápida pero superficial, tiemblan y no pueden mantenerse en pie. Las mucosas están pálidas, y el pulso apenas se percibe; finalmente pierden el conocimiento. En el shock alérgico, primero los animales presentan prurito y una hinchazón de la piel en la región de la cabeza, que les confiere el aspecto de un hipopótamo. Además, puede producirse una estenosis de las vías respiratorias, que se puede reconocer en la coloración azul de la lengua.

Tratamiento: colocar al perro sobre una superficie blanda, envolverlo en una manta y acudir inmediatamente al veterinario. Por el camino, deben controlarse las funciones vitales como la respiración y el pulso (véase pág. 39). La situación es sumamente peligrosa y requiere un tratamiento inmediato.

Enfermedades del aparato respiratorio

El aparato respiratorio está formado por la cavidad nasal, la faringe, la laringe, la tráquea y los pulmones.

Por una parte, la **cavidad nasal** sirve para humedecer, calentar y limpiar el aire respirado. Por otra parte, es la base del órgano olfatorio. Dado que el sentido del olfato de los perros tiene un rendimiento extraordinario, estos animales son utilizados por el hombre para la búsqueda de explosivos (perros policía), estupefacientes (perros aduaneros) o personas (perros de salvamento).

En la **faringe** se encuentran las **amígdalas**, que tienen la función de rechazar a los agente patógenos tales como las bacterias y los virus.

La **laringe** se encuentra en la entrada de la tráquea y se ocupa de cerrarla con la epiglotis al tragar los alimentos para que no llegue ningún componente sólido a los pulmones. Sin embargo, durante la inspiración y la espiración la epiglotis está abierta para que el aire pueda acceder libremente a los pulmones o salir de éstos.

La **tráquea** es un tubo provisto de anillos cartilaginosos que transcurre en la parte anterior del cuerpo desde el cuello hasta el pecho y que se divide en dos ramas o bronquios en la caja torácica por encima del corazón. Estos bronquios se ramifican como un sistema tubular en cada uno de los lóbulos pulmonares.

Los **pulmones** se encuentran en la caja torácica y están divididos en dos a izquierda y derecha con cuatro o tres lóbulos pulmonares cada uno.

La cavidad torácica está dividida en dos mitades por el mediastino. Está limitada lateralmente por las costillas y por la musculatura situada entre ésta y, hacia la cavidad abdominal, por un músculo nervudo, el **diafragma**. Al **inspirar**, la caja torácica se ensancha debido a la tensión hacia fuera de las costillas, el diafragma se aplana y los pulmones también se ensanchan por la depresión, de modo que puede entrar el aire. Al **espirar**, las costillas vuelven a su posición original debido a la relajación de la musculatura, el diafragma se arquea y los pulmones se contraen debido a su posición elástica. El aire es impulsado hacia el exterior a través de los bronquios, de la tráquea y de la nariz.

En cada uno de los lóbulos pulmonares, los **bronquios** se ramifican en un sistema tubular cada vez más pequeño. Estos pequeños bronquios ya no tienen anillos cartilaginosos en sus paredes y desembocan en las **vesículas pulmonares** (alveolos). En estas vesículas pulmonares, que están rodeadas por un fino retículo de vasos sanguíneos muy pequeños, tiene lugar el intercambio gaseoso. Al inspirar, el oxígeno del aire llega a los alveolos y, desde allí, a la sangre, donde es absorbido por los glóbulos rojos y transportado al cuerpo (véase pág. 72). Al espirar, el anhídrido carbónico de la sangre es entregado a los alveolos pulmonares y expulsado a través de los bronquios, la tráquea, la cavidad nasal y la cavidad bucal.

Normalmente, los perros tienen entre 10 y 30 aspiraciones por minuto.

Inflamación de la pituitaria

Puede presentarse espontáneamente o como consecuencia de una enfermedad infecciosa.

Causa: infección vírica como el moquillo o la tos de las perreras; en la mayoría de los casos, hay que considerar a bacterias como infección secundaria; hongos como *Aspergillus*; pero también cuerpos extraños como raspas, polvo o gases así como alergias.

Síntomas: el flujo nasal bilateral en forma de secreción de acuosa a purulenta y pegajosa que tapa los orificios nasales es síntoma de infección. Los animales tienen fiebre y dejan de comer; con frecuencia se inicia una neumonía.

Los estornudos frecuentes mientras los perros se frotan la nariz en el suelo o intentan descongestionar las vías respiratorias rascándoselas con las patas, son más bien signo de un cuerpo extraño como causa de la inflamación de la pituitaria.

Si la inflamación persiste durante bastante tiempo y se ha convertido en crónica, al estornudar los perros expulsan un esputo purulento, parcialmente mezclado con sangre.

Tratamiento: es necesario que el veterinario establezca previamente el diagnóstico. En cualquier caso, el propietario tiene que limpiar a menudo los orificios nasales del perro y mantenerlos despejados para que éste pueda respirar libremente.

Hemorragias nasales

Se presentan con frecuencia en caso de accidente y de lesiones, pero también las enfermedades orgánicas pueden provocar hemorragias nasales.

Causa: las lesiones de la cavidad nasal por traumatismo así como los cuerpos extraños como astillas, raspas en la cavidad nasal y también tumores que se revientan provocan hemorragias intensas. Las intoxicaciones (véase pág. 130) con raticidas o las enfermedades que provocan trastornos de la coagulación (véanse págs. 94, 124) también pueden ser la causa de la hemorragia nasal.

Síntomas: las pequeñas hemorragias se observan en forma de puntitos rojos en el flujo nasal, si es que el perro no lo lame inmediatamente con la lengua. O bien, de uno o de ambos orificios nasales fluye sangre constantemente.

Tratamiento: ¡acudir al veterinario en todos los casos! En caso de hemorragias intensas, a ser posible hacer que el perro se siente, con la nariz ligeramente inclinada hacia abajo, y llevarlo al veterinario. Recoger la sangre con un paño pero no impedir que fluya hacia el exterior. Las compresas frías en la nariz y la nuca pueden ser de ayuda.

Tumores de la cavidad nasal

Por desgracia, esta enfermedad no se detecta inmediatamente ya que primero se presenta como una inflamación en la fosa nasal.

Causa: hay tumores benignos, pero con más frecuencia malignos, que hacen más estrecha la fosa nasal debido a su crecimiento o que incluso pueden incrustarse en los huesos.

Síntomas: los perros presentan un aumento de los estornudos y flujo nasal, en parte con sangre. En los casos avanzados de tumores malignos, el vómer también puede estar afectado, y los perros tienen la nariz más gruesa, los dientes del maxilar superior se desprenden o uno de los ojos es empujado fuera de su cavidad (exoftalmos).

Tratamiento: en el caso de los tumores malignos, la única solución es una intervención quirúrgica radical, pero en la mayoría de los casos ésta llega demasiado tarde.

Estenosis de las vías respiratorias superiores

El propietario del perro percibe unos ruidos respiratorios claros.

Causa: los orificios o conductos nasales estrechos de nacimiento o un velo del paladar largo son frecuentes en las razas de perros de hocico corto. En las minirrazas, el aplanamiento de la tráquea (colapso traqueal), condicionado por los delicados anillos cartilaginosos, que no son capaces de mantener la forma tubular de la tráquea al inspirar, provoca trastornos respiratorios.

Síntomas: sobre todo al inspirar, se pueden oír unos ruidos respiratorios jadeantes y similares a ronquidos. Cuando hace calor, en caso de esfuerzo físico o de excitación, puede producirse una mayor estenosis debido a la hinchazón de las mucosas, de forma que pueden originarse ahogos acompañados de una coloración azul de las mucosas. Al estirar del collar, pueden producirse ataques de tos; asimismo, cuando el perro bebe deprisa también se pone a toser.

Tratamiento: en parte, las medidas quirúrgicas pueden ser de ayuda (por ejemplo acortamiento del velo del paladar), pero sería más adecuado actuar contra estas malformaciones anatómicas en la cría.

Faringitis, laringitis y traqueítis

El veterinario es quien debe determinar mediante un examen exhaustivo cuáles son los órganos afectados.

Causa: los cuerpos extraños y los gases irritantes pueden dañar la faringe y las vías respiratorias superiores. Pero también las enfermedades infecciosas como el moquillo, la tos de las perreras (véanse págs. 127, 128), las infecciones bacterianas y las infecciones fúngicas así como las alergias causan una inflamación.

Síntomas: deglución difícil al comer, estirando el cuello hacia delante, ladridos roncos, ataques de tos fuertes y sonoros, que se producen especialmente al respirar aire frío. En los casos graves, la tos puede provocar vómitos, y en caso de fiebre se presentan, también, fatiga y rechazo de la comida.

Tratamiento: la enfermedad debe ser tratada por el veterinario. Como propietario, debe usted vigilar que no se produzca ningún tirón del collar y que el perro no se encuentre en un entorno demasiado frío o demasiado cálido. Una humedad del aire superior al 50 % facilita la respiración. En caso de importantes dificultades de deglución, servir los alimentos en forma de puré.

Bronquitis y neumonía

Una inflamación de las vías respiratorias superiores puede propagarse rápidamente al pulmón si no es sometida a tratamiento.

Debido a la inflamación, se forma más mucosidad en los bronquios y las células inflamatorias se asientan en el tejido pulmonar e impiden el intercambio óptimo de anhídrido carbónico y oxígeno.

Causa: véanse las causas de inflamación antes citadas.

Síntomas: cabe destacar la respiración frecuente y corta acompañada de tos seca y, posteriormente, húmeda. La secreción impulsada hacia arriba por la tos suele ser tragada de nuevo. Los perros presentan fiebre alta, y, si la situación se prolonga durante bastante tiempo, el corazón resulta sobrecargado.

Tratamiento: después del examen minucioso realizado por el veterinario, éste le administra al perro los medicamentos adecuados. El propietario puede contribuir al tratamiento mediante inhalaciones según las instrucciones del veterinario (si el perro colabora).

Edema de pulmón

Se trata de una acumulación de suero sanguíneo en el tejido pulmonar que altera el intercambio gaseoso en los pulmones.

Causa: puede presentarse como fenómeno concomitante o como consecuencia de una infección vírica (véase pág. 128), de una intoxicación (véase pág. 130) o de una insuficiencia cardíaca (véase pág. 73).

Síntomas: puede iniciarse lentamente o presentarse súbitamente (intoxicación, insuficiencia cardíaca). Los perros presentan tos, respiración acelerada y corta, agitación nocturna, y se echan sobre el costado de mala gana. Prefieren estar sentados, o permanecen echados con la cabeza erguida. Debido al aporte defectuoso de oxígeno, las mucosas presentan una coloración azulada. En los casos de desenlace letal, de la boca y de la nariz sale una espuma blanca o rojiza.

Tratamiento: en el estadio inicial, las posibilidades de curación mediante el tratamiento de la enfermedad de base son buenas. En la mayoría de los casos, el perro recibe comprimidos para drenar. En los casos graves, de aparición súbita, por desgracia a menudo es tarde para tomar cualquier medida.

Tumores pulmonares

Pueden formarse espontáneamente en el pulmón o ser metástasis de otros tumores.

Causa: la más común son los tumores mamarios, cutáneos o testiculares que se propagan a los pulmones. Los tumores que se forman en el mismo pulmón proceden, en la mayoría de los casos, de los bronquios más pequeños.

Síntomas: el perro se fatiga rápidamente y presenta una respiración difícil, acompañada de tos. Más adelante, los perros adelgazan con frecuencia de forma considerable.

Tratamiento: a menudo, se puede hacer soportable la vida de los animales con los medicamentos adecuados, pero la curación no es posible.

Derrames pleuríticos

Éstos sólo pueden ser detectados por el veterinario tras un examen exhaustivo. Debido a la acumulación de líquido (suero sanguíneo, sangre o linfa o productos inflamatorios) en la caja torácica, los pulmones son oprimidos y el volumen respiratorio se reduce sensiblemente.

Causa: se presentan como consecuencia de insuficiencia cardíaca (véase pág. 73), tumores, inflamaciones o intoxicaciones (véase pág. 130).

Síntomas: son similares a los del edema de pulmón, y, además, los perros pueden presentar dolor al mover las costillas.

Tratamiento: tiene que orientarse por la enfermedad de base y ser realizado inmediatamente por el veterinario, ya que la enfermedad pone en peligro la vida del animal.

Neumotórax (aire libre en la cavidad pleural)

Cuando el aire entra en la caja torácica, los pulmones se desinflan, ya que normalmente se encuentran en un espacio con presión baja (véase pág. 74).

Causa: con frecuencia se trata de accidentes o de lesiones por mordeduras en los que ha sido perforada la caja torácica, o de desgarros pulmonares.

Síntomas: en caso de desgarros pulmonares, los perros presentan disnea intensa, las mucosas adquieren un color azul, y el pulso se acelera. En caso de lesiones abiertas de la caja torácica, cada vez que el perro respira se nota cómo el aire se introduce ruidosamente, o bien la hipodermis se llena de aire y se detecta un aumento crepitante del grosor de la piel.

Tratamiento: es necesario acudir inmediatamente al veterinario teniendo en cuenta las medidas de primeros auxilios (véase pág. 53). En muchos casos, el perro tiene que ser intervenido quirúrgicamente.

Desgarro del diafragma

El diafragma cierra la cavidad torácica en relación a la cavidad abdominal. En caso de desgarros musculares, las vísceras abdominales pueden alojarse en la cavidad torácica.

Causa: los desgarros pueden deberse a una malformación congénita o pueden aparecer a causa de accidentes.

Síntomas: los perros se muestran poco activos, presentan respiración entrecortada, tosen al realizar esfuerzos o vomitan con frecuencia.

Tratamiento: el único tratamiento efectivo consiste en una intervención quirúrgica realizada por el veterinario.

Enfermedades de los órganos digestivos

Cavidad bucal y faríngea

En los maxilares superior e inferior de los perros adultos se encuentran 42 **dientes** (véase pág. 13). Cada pieza dentaria está formada por una corona recubierta de duro esmalte y por una raíz recubierta de cemento dental, la cual se aloja en la cavidad del hueso maxilar (alveolo). Para nosotros sólo es visible la corona dental, y alrededor de su cuello se encuentra fuertemente adherida la encía.

Se distinguen los incisivos (I), con los cuales el perro toma pequeños trozos de alimentos, los colmillos (caninos, C), los cuales sirven para asir y aguantar el alimento, así como los molares anteriores (premolares, P) y posteriores (molares, M). Los molares poseen una corona aguda y sirven para triturar y desgarrar los componentes correosos de los alimentos (especialmente el premolar posterosuperior, P_4, junto con el molar anteroinferior, M_1).

La fórmula dental de un perro adulto es la siguiente:

$$\frac{3I\ 1C\ 4P\ 2M}{3I\ 1C\ 4P\ 3M}$$

En la **cavidad bucal** desembocan los conductos de salida de las **glándulas salivales**. Durante el proceso de alimentación del perro se produce abundante saliva, la cual hace que los fragmentos se deslicen con facilidad; a través de la lengua los alimentos son transportados hacia la faringe para ser finalmente deglutidos.

La **lengua** de los perros es muy móvil, tiene bordes afilados y sobre su superficie hay pequeñas papilas, entre las cuales se encuentran los botones gustativos. Para la ingestión de líquidos, la lengua adopta una forma de cuchara y el perro toma el agua directamente del cuenco.

Sin embargo, la cavidad bucal no sólo sirve para la ingestión de alimentos, sino que desempeña un importante papel en la regulación de la temperatura. Dado que los perros no tienen tantas glándulas sudoríparas como nosotros los seres humanos, cuando hace calor deben jadear, es decir, respirar de forma entrecortada con la boca abierta y la lengua colgando, para aprovechar, a través de las bien irrigadas mucosas, el frío obtenido por la evaporación.

Trastornos en la segunda dentición

Los cachorros nacen sin dientes. A las 6 semanas, la dentición de leche o decidua se ha desarrollado completamente hasta el primer premolar (éste aparece entre el 3er y el 6º mes de vida). La dentición de leche está formada por 28 piezas dentales. La fórmula dental es la siguiente:

$$\frac{3Id\ 1Cd\ 3Pd}{3Id\ 1Cd\ 3Pd}$$

Estos dientes de leche son pequeños y agudos, y todos los propietarios de cachorros llevan las señales de jugar con éstos. El cambio de la dentición empieza a los 3-5 meses con los incisivos y finaliza a los 8 meses con los caninos. Los molares posteriores aparecen a los 4-7 meses.

En este proceso puede ocurrir que no se forme alguna pieza dental permanente (primer premolar) o que no caigan los dientes de leche; de esta manera el perro tiene tanto la dentición de leche como la dentición permanente (filas dentales dobles).

Causa: especialmente en las razas enanas, los incisivos y los caninos no se desprenden, y los demás dientes se desplazan junto a los dientes de leche.

Síntomas: doble número de dientes y con ello malposición de las piezas. Con frecuencia quedan restos de alimentos entre los dientes, y éstos provocan la formación de sarro o la inflamación de las encías.

Tratamiento: controle los dientes regularmente; especialmente entre los 6 y los 8 meses de edad, para comprobar que la segunda dentición se realiza correctamente. Para mantener sanos el resto de dientes, los dientes de leche que no caen deben ser extraídos por el veterinario.

Formación de sarro

Se observa unos depósitos amarronados sobre los dientes, que en condiciones normales son blancos.

Causa: debido a los restos de comida, saliva y placa bacteriana se forman unos depósitos primero de color amarillento sucio que seguidamente se vuelven marrones, bien adheridos al cuello dental, donde empieza la encía.

Síntomas: lo primero que nota el propietario del perro es el color de los dientes, y en estadios más avanzados un aliento fétido.

Tratamiento: el lavado regular de los dientes con un cepillo blando y una pasta dental especial (véase pág. 13) proporciona una ayuda rápida y eficaz. Si el sarro ha formado placas gruesas, deberá ser eliminado por el veterinario.

Inflamación de las encías (parodontitis) y atrofia de las encías (parodontosis)

El borde, habitualmente fuerte, de las encías se enrojece o se retrae.

Causa: retraso en el cambio de la dentición de leche, existencia prolongada de sarro o enfermedades autoinmunes (véase pág. 67) de la piel y de la mucosa que provocan inflamación de las encías. En primer lugar se forma un enrojecimiento del borde en el cuello dental. Debido a la inflamación se forman bolsas en las encías en la zona de transición entre la corona y el cuello dental, donde se aloja el sarro y la placa bacteriana. La encía se afloja, y debido a la presión existente se retrae, y finalmente nos encontramos ante una parodontosis manifiesta con los cuellos dentales descubiertos.

Síntomas: aliento fétido, y con frecuencia la saliva es sanguinolenta; cuando la enfermedad está avanzada caen algunas piezas dentales.

Tratamiento: llegados a este punto el único tratamiento útil es un saneamiento dental que debe ser realizado por el veterinario con el perro anestesiado. Hay que extraer los dientes y eliminar el sarro con ultrasonidos. A continuación, los perros deben ser tratados con frecuencia con pastas endurecedoras de las encías y antibióticos adecuados. En el caso de las enfermedades autoinmunes debe tratarse además la enfermedad de base.

Decoloración del esmalte

Aparecen manchas oscuras sobre el diente blanco.

Causa: alteraciones que aparecen durante la segunda dentición (p. ej. moquillo, véase pág. 127), administración de determinados medicamentos (p. ej. tetraciclinas) o intoxicación por flúor. Debido a estas sustancias se altera la formación del esmalte dental en el diente en desarrollo; o, en el perro adulto, el esmalte es alterado por la caries.

Síntomas: las manchas marrones pueden aparecer en dientes aislados o en todas las piezas dentales, cuya superficie es más rugosa y profunda que el esmalte normal. La alteración del esmalte provoca una mayor propensión a la formación de sarro o inflamación de la raíz.

Tratamiento: según el grado de afectación, el diente puede ser empastado o se le puede poner una funda, lo que siempre significa que debe anestesiarse al perro.

Fracturas dentarias

Causa: debido a accidentes, a morder huesos duros y a la mala costumbre de acarrear piedras o incluso de mordisquearlas, el perro puede romperse dientes o fragmentos de los mismos. Si por esta causa se abre la cavidad de la raíz, los restos de comida y las bacterias pueden instalarse en ella y provocar una inflamación de la raíz (véase más abajo).

Síntomas: si sólo se han roto pequeñas esquirlas, un propietario observador sólo se dará cuenta cuando realice el control dental regular, sin que el perro demuestre sufrir ninguna molestia. Sin embargo, cuando se ha producido una abertura de la cavidad de la raíz, el perro muestra claros signos de dolor al agarrar cosas con la boca o al masticar, y rechaza los alimentos duros.

Tratamiento: según el daño producido, puede conservarse el diente mediante la implantación de una funda, o éste debe ser extraído por el veterinario.

Inflamación de la raíz de los dientes y fístula dental

Causa: con frecuencia la inflamación de la raíz dental pasa inadvertida durante largo tiempo. Sólo cuando la infección se ha propagado a través del alveolo hasta el hueso, el propietario del perro se da cuenta.

Síntomas: hinchazón debajo de los ojos, la piel se abre y a través de la abertura aparece una secreción purulenta (signos de infección de la raíz del P_4 o del M_1 del maxilar superior). O aparece secreción purulenta a través de un orificio nasal (inflamación de la raíz de los caninos del maxilar superior). Ante la aparición súbita de trayectos fistulosos purulentos en el maxilar inferior, también debe sospecharse la existencia de una inflamación de la raíz de los dientes del maxilar inferior.

Tratamiento: extracción del diente enfermo por parte del veterinario.

Cuerpos extraños en la cavidad bucal

Causa: agujas, trozos de metal, esquirlas de hueso, anillos cartilaginosos, hilos o cordeles pueden incrustarse en la mucosa bucal entre los dientes o en las paredes de la lengua, o pueden enrollarse alrededor de la lengua.

Síntomas: el perro saliva abundantemente, se rasca con las patas en la región de la boca, no come e incluso se puede encontrar sangre en los labios del perro. En el caso de los cuerpos extraños alojados en la base de la lengua se produce una importante hinchazón de la lengua que toma una tonalidad azulada y el perro no puede tragar.

Tratamiento: explore la cavidad bucal y extraiga la causa. Limpie las pequeñas heridas con un desinfectante suave o con yodo. Verá como la mucosa se cura rápidamente. ¡Si no consigue extraer el cuerpo extraño, acuda al veterinario!

Cuando un hilo o un cordel se ha enrollado alrededor de la lengua, la hinchazón es tan importante que con frecuencia imposibilita el reconocer la causa. En este caso acuda inmediatamente al veterinario, ya que de otra forma existe el peligro de que la lengua se necrose o de que el perro se asfixie.

Tumores de la cavidad bucal

Causa: en algunas razas (p. ej. Boxer) aparecen con frecuencia tumores benignos (épulis). Los tumores malignos como el carcinoma y el sarcoma crecen rápidamente e invaden los tejidos colindantes.

Síntomas: los épulis son nódulos duros del tamaño de un guisante hasta una judía, que con frecuencia cuelgan de la encía entre los dientes. Cuando se hacen más grandes, el perro puede morderlos y entonces se produce una inflamación de las encías. Los tumores malignos alteran el hueso maxilar, de forma que los dientes se sueltan y caen. La destrucción del hueso y de la mucosa ulcerada que lo recubre es muy dolorosa para el perro, y de la boca emerge un olor pútrido.

Tratamiento: en el caso de los épulis, el tratamiento sólo es necesario cuando aparece inflamación; en este caso deben ser extirpados quirúrgicamente. En los tumores malignos sólo es eficaz una cirugía radical precoz.

Quistes de las glándulas salivales

Causa: oclusión de los tractos de salida de las glándulas salivales por aumento de la densidad de la saliva, con formación de arenilla o pequeños cálculos.

Síntomas: según qué glándula esté afectada aparecen formaciones quísticas entre la lengua y el maxilar inferior o en la zona alta del cuello, por debajo del ángulo mandibular. Si el perro se frota y se rasca, puede inflamarse la piel y también el quiste, de forma que en último extremo, a través de un tracto fistuloso, puede aparecer una secreción mucosa.

Tratamiento: el único útil es la cirugía llevada a cabo por el veterinario.

Esófago

El esófago es un tubo muscular que baja por el lado izquierdo del cuello hasta el tórax. En la cavidad torácica, éste discurre por encima de la tráquea y del corazón hasta el diafragma. Después de atravesar el diafragma, desemboca en el estómago.

Cuerpos extraños en el esófago

La presencia de cuerpos extraños en el esófago de los perros es bastante frecuente.

Las zonas más peligrosas debido a su estrechez son, o bien justo en la faringe, por encima del corazón o la zona en que el esófago atraviesa el diafragma.

Causa: en el esófago se han encontrado trozos grandes de comida tragados precipitadamente, huesos, pequeñas pelotas, grandes trozos de corteza de queso, cabezas de pescado o anzuelos. Esto provoca una obstrucción total o parcial, de forma que sólo llegan al estómago los alimentos en forma de papilla o líquidos.

Síntomas: los perros están intranquilos; si vuelven a comer, poco después de la ingestión devuelven el alimento no digerido con gran cantidad de mucosidad. Si el cuerpo extraño no obstruye completamente el esófago, pueden tomar líquidos sin problemas.

Tratamiento: extracción del cuerpo extraño por parte del veterinario. Sin embargo, es mejor prevenir; así pues, nunca deje jugar a un perro grande con una pelota pequeña, no dé huesos para comer, corte los alimentos en trozos pequeños y no permita nunca a un perro jugar con artículos puntiagudos.

Dilatación del esófago

Se produce una dilatación en forma de saco generalmente en la porción anterior del esófago, de forma que los alimentos no son transportados hasta el estómago.

Causa: la dilatación puede deberse a malformaciones vasculares cardíacas congénitas (véase pág. 72) o a lesiones esofágicas producidas por cuerpos extraños.

Síntomas: cuando se trata de una malformación congénita, los cachorros no presentan ningún síntoma durante el periodo de lactancia. Cuando ingieren alimentos sólidos, al cabo de un rato éstos son devueltos.

A pesar de que los animales muestran signos aparentes de hambre, pierden cada vez más fluidos, se deshidratan y se detiene su desarrollo.

Cuando la dilatación esofágica es adquirida, la cual puede aparecer a cualquier edad, con frecuencia los alimentos permanecen durante horas en el esófago, y el perro los devuelve en forma de una masa mucosa de olor dulzón.

Tratamiento: en los casos de dilatación congénita puede ser útil la cirugía.

Estómago

El estómago del perro se encuentra directamente junto al hígado, y es un órgano hueco en forma de U. La entrada situada a la izquierda (cardias) y la salida situada a la derecha (píloro) se cierran mediante un anillo muscular. La capacidad del estómago varía según el tamaño del perro y puede ser de uno a nueve litros.

En el interior, el estómago está recubierto de una mucosa. Sus glándulas fabrican una sustancia mucosa que lo protege de la autodigestión, de los ácidos gástricos (ácido clorhídrico), que reducen

Enzimas digestivos en el estómago

Nombre	Lugar de producción	Componentes digeridos de los alimentos
pepsina	mucosa gástrica	proteínas
catepsina	mucosa gástrica	proteínas
(lipasa gástrica)	mucosa gástrica	(grasas)

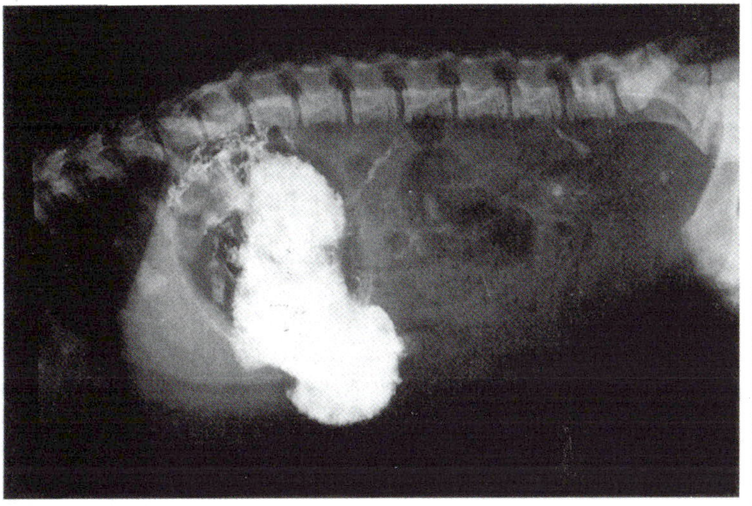

Este cachorro se había tragado un cuerpo extraño. En la radiografía, el contraste situado en el estómago (masa blanca) lo delimita bien.

los alimentos a fragmentos diminutos y facilitan el medio ácido necesario para los enzimas digestivos, y de los enzimas digestivos, pepsina y catepsina, que se encargan de la digestión de las proteínas, así como de la lipasa gástrica, para la digestión de las grasas. La cantidad de jugos gástricos depende del tipo de alimentación y de la cantidad de alimentos.

Cuerpos extraños en el estómago

Los perros jóvenes, que juegan con cualquier cosa y que por lo tanto pueden tragársela, están especialmente en peligro. Si el cuerpo extraño no queda atrapado en el esófago, puede permanecer con frecuencia durante mucho tiempo en el estómago, y volver a traer problemas cuando se desplaza al intestino y provoca una obstrucción del mismo.

Causa: piedras, trozos de madera y metal, pelotas, castañas, huesos de melocotón, monedas, etc. que son tragados.

Síntomas: los cuerpos extraños alojados en el estómago provocan la irritación de la mucosa gástrica, con la consiguiente inflamación, que a su vez provoca vómitos y pérdida del apetito. Debido a la pérdida de líquidos los perros se deshidratan y adelgazan.

Tratamiento: extracción del cuerpo extraño por parte del veterinario.

Gastritis y úlceras gástricas

Cuando se inflama la mucosa gástrica (gastritis) por diversas causas se altera la capa mucosa y los ácidos gástricos lesionan las células. Así pues, cuando ésta evoluciona crónicamente, los enzimas digestivos, que alteran la pared gástrica, pueden provocar la aparición de úlceras.

Causa: las infecciones víricas (véase pág. 127), las bacterias y sus toxinas, los ascárides (véase pág. 90), los cuerpos extraños, los medicamentos y los alimentos en mal estado pueden provocar una inflamación. Pero también puede aparecer como síntoma colateral de otras enfermedades como las hepáticas, renales y circulatorias. Tampoco debe olvidarse el estrés como factor desencadenante.

Este muñeco blando de goma, del tamaño de un huevo de gallina, fue extraído del estómago de un cachorro. ¡Por favor, dé al cachorro sólo juguetes adecuados!

Síntomas: lo primero que nos llama la atención son los vómitos. Al principio los vómitos se desencadenan por la ingestión de alimentos o agua. Más adelante el perro rechaza el alimento y vomita una mucosidad amarillenta que puede estar mezclada con sangre.

Tratamiento: debe estar dirigido hacia la causa y debe ser realizado por el veterinario. Como propietario la mejor manera de evitarlo es practicar una alimentación correcta (véase pág. 20).

Sobrecarga del estómago y rotación gástrica

Se trata de una enfermedad que se presenta especialmente en las razas de perros grandes y que provoca la dilatación del estómago. Debido a movimientos bruscos (revolcarse o saltar), el estómago lleno de alimentos y de gas puede girar sobre su eje longitudinal. De esta manera tanto la entrada del esófago en el estómago como la salida de éste hacia el duodeno quedan ocluidas, y la formación de gas en el estómago aumenta. A causa de la presión sobre los vasos sanguíneos y sobre el diafragma y el bazo, así como de las toxinas que se forman, se llega a un fallo circulatorio y finalmente la muerte.

Causa: el comer precipitadamente gran cantidad de comida o la ingestión de alimentos contaminados o en mal estado lleva a la formación de gas en el estómago.

Síntomas: en el caso de la sobrecarga gástrica, después de las comidas se observa un aumento del volumen del abdomen. En el mejor de los casos, el perro vomita el bolo alimenticio no digerido. Pero si se ha producido una rotación gástrica se produce un engrosamiento abdominal en forma de tonel, el perro saliva y tiene náuseas, pero no puede vomitar.

Tratamiento: tras avisar por teléfono, acuda inmediatamente al veterinario. Después de disminuir la presión y estabilizar la circulación, éste realizará inmediatamente una operación quirúrgica.

Enzimas digestivos en el intestino delgado

Nombre	Lugar de producción	Componentes digeridos de los alimentos
tripsina	páncreas	proteínas
quimotripsina	páncreas	proteínas
elastasa	páncreas	proteínas
carboxipeptidasa	páncreas	proteínas
amilasa	páncreas	carbohidratos
lipasa pancreática	páncreas	grasas
peptidasa	mucosa del intestino delgado	proteínas
disacaridasa	mucosa del intestino delgado	carbohidratos
lipasa	mucosa del intestino delgado	grasas

Intestino

Después del estómago se encuentra el intestino delgado, el cual está formado por tres porciones: duodeno, yeyuno e íleon. A continuación se encuentra el intestino grueso formado por el ciego, el colon y el recto.

En el **duodeno** desembocan los conductos de salida del páncreas y de las vías biliares. Aquí los alimentos son descompuestos en sus componentes más pequeños. Para ello, además de los enzimas digestivos, el páncreas también fabrica bicarbonato sódico, con el fin de neutralizar el medio ácido del estómago y para asegurar la acción enzimática.

La bilis formada en el hígado y almacenada en la vesícula biliar también es excretada al duodeno a través de los conductos biliares y tiene una gran importancia para la digestión de las grasas. Los componentes separados de los alimentos son reabsorbidos en el intestino delgado a través de la pared intestinal, y llegan al hígado a través de la vena porta.

Los componentes no digeridos de los alimentos, especialmente partes vegetales, son conducidos al **intestino grueso**. En él se encuentran distintas bacterias que son capaces de separar la celulosa de forma que todavía puede aprovecharse cierta parte de las fibras brutas. La función más importante del intestino grueso consiste en la reabsorción de agua, de sustancias minerales y de las vitaminas fabricadas por las bacterias (vitamina B y K, véase pág. 19). Las partes no digeridas son finalmente eliminadas en forma de heces a través del recto.

Enteritis

El síntoma principal es la diarrea.

Causa: errores en la alimentación tales como grandes cantidades de leche, despojos, cambio brusco de alimentación, golosinas, ingestión de nieve o alergias alimentarias; las infecciones bacterianas como la leptospirosis, la salmonelosis, etc. (véase pág. 128); infecciones víricas, p. ej. parvovirus, virus del moquillo; ataque parasitario (véase pág. 87); intoxicaciones con talio, plomo, arsénico, organofosfatos y cumarina.

Síntomas: si la afectación es mayor a nivel del intestino delgado, el perro presenta unas heces desde blandas hasta acuosas, que contienen trozos de alimentos no digeridos. Cuando existe una inflamación profunda que provoca hemorragias, las heces están teñidas de negro. Con frecuencia los perros tienen un abdomen hinchado y pueden oírse ruidos gorgojeantes. Cuando la enfermedad es larga, el perro se deshidrata y pierde peso.

Si la afectación es mayor a nivel del intestino grueso, el perro presenta heces mucosas y blandas, que también pueden contener sangre fresca. Durante la defecación el perro realiza grandes esfuerzos, que con frecuencia se acompañan de gases de muy mal olor (flatulencia). Según la causa pueden aparecer fiebre o vómitos o, como en el caso de la infección por parvovirus, incluso puede producirse la muerte.

Tratamiento: el tratamiento depende de la enfermedad de base y debe realizarlo el veterinario. Es importante realizar un aporte adecuado de líquidos. Debe evitarse la deshidratación mediante la administración de soluciones de electrólitos por parte del propietario o, en los casos más graves, por parte del veterinario por vía intravenosa. Las dietas adecuadas, indicadas por el veterinario, también contribuirán a la curación.

Oclusión intestinal

Se interrumpe el transporte del bolo alimenticio.

Causa: cuerpos extraños (véase estómago), que especialmente quedan bloqueados (íleo) en su paso hacia el intestino grueso, entre el íleon y el ciego; torsión de un asa intestinal (vólvulo intestinal) o penetración de una porción del intestino en otra (invaginación), especialmente en perros jóvenes con importante inflamación intestinal o ataque parasitario; tumores intestinales así como hernias (véase más adelante).

Síntomas: al principio el perro todavía toma alimentos, los cuales vomita, y posteriormente se produce una pérdida del apetito. En lugar de heces sólo se expulsa moco. El perro adelgaza, queda exhausto y se deshidrata.

Tratamiento: tras el diagnóstico, el veterinario realiza una intervención quirúrgica. Si ya existe lesión intestinal, hay que extraer porciones de intestino.

Estreñimiento (coprostasis)

Constituye una oclusión parcial o completa del recto. Dado que en el recto se reabsorbe el agua de las heces, se forman pelotas de heces de consistencia pétrea, alojadas pertinazmente en las paredes intestinales.

Causa: errores en la alimentación como p. ej. alimentación a base de huesos o déficit de fibra en la dieta alimentaria; obstáculos al paso de las heces como p. ej. hipertrofia prostática en los machos, tumores o antiguas fracturas de pelvis, que provocan una estenosis del intestino; procesos dolorosos en la zona anal, de forma que el perro no desea defecar y mantiene las heces en el recto durante largo tiempo.

Síntomas: mediante grandes esfuerzos el perro intenta expulsar las heces sin éxito. Presenta claros dolores e inquietud. En el peor de los casos, debido a los importantes esfuerzos que realiza el perro, algunas porciones del intestino pueden salir a través del ano (prolapso rectal).

Tratamiento: el veterinario puede administrar dolorosos enemas o bien extraer las heces con unas tenazas. Si comprueba que su perro hace "salchichas" duras pero todavía defeca, puede intentar ayudarle mediante la administración de leche, aceite o despojos.

Hernia intestinal

Debido a la formación de grietas en la pared intestinal, algunas porciones del intestino pueden herniarse a través de éstas.

Causa: grietas congénitas a nivel umbilical, inguinal o testicular, o grietas provocadas por lesiones aparecidas por accidentes o mordiscos. La hernia perineal constituye un caso especial en el que el tejido conjuntivo entre el ano y la cola se desgarra. Aparece con frecuencia en los machos viejos (véase pág. 99).

Síntomas: las pequeñas hernias umbilicales se rellenan de grasa, de forma que sólo se nota un pequeño nódulo bajo la piel. Sin embargo, si en la grieta de la hernia aparecen asas intestinales, el aumento de tamaño bajo la piel puede alcanzar el tamaño de un puño. Cuando se han producido adherencias en las asas intestinales existe el peligro de una oclusión intestinal.

Cuando existe una hernia perineal el perro siente dolor al defecar. A pesar de los grandes esfuerzos, el perro sólo puede expulsar pequeñas y delgadas "salchichas". El resto de las heces tapona transversalmente el ano, y bajo la piel puede palparse una pelota dura.

Tratamiento: cuando los síntomas son agudos, hay que acudir inmediatamente al veterinario. En el caso de la hernia perineal de los machos, tras el tratamiento quirúrgico también debe administrárseles una alimentación adecuada (sin huesos, los alimentos bañados en aceite, etc.) para conseguir unas heces blandas y dúctiles.

Tumores en el ano (tumores en las glándulas circumanales)

Con frecuencia aparecen en los machos viejos.

Causa: las células glandulares de la piel del ano se multiplican y generalmente forman tumores benignos.

Síntomas: pueden verse nódulos de diferentes tamaños alrededor del ano. Con frecuencia se rompen y sangran. Los perros intentan lamerse la zona anal; al defecar pueden descubrirse manchas de sangre entre las heces.

Tratamiento: extirpación de los tumores por parte del veterinario.

Inflamación de la bolsa anal

A izquierda y derecha del ano el perro tiene glándulas odoríficas, que generalmente son vaciadas durante la defecación.

Causa: cuando debido a un espesamiento de la secreción los tractos de salida se obstruyen, se produce una inflamación de la glándula.

Síntomas: los perros se lamen más la zona anal, la parte externa del muslo o el nacimiento de la cola. Algunos animales se deslizan sobre los cuartos posteriores. Además toda la zona adquiere un olor fétido. Si no se trata inmediatamente la obstrucción, la consiguiente inflamación provoca una hinchazón a derecha e izquierda del ano. En esta zona también pueden formarse abscesos, los cuales se abren y dejan profundas fístulas.

Tratamiento: cuando existe una obstrucción el veterinario vacía las glándulas (véase pág. 14). Si hay inflamación o se han formado abscesos, deben realizarse lavados y administrarse antibióticos. En algunas ocasiones, el único tratamiento útil es la extirpación de las glándulas.

Parásitos intestinales

Organismos unicelulares (protozoos)

Los protozoos son las formas parasitarias más pequeñas, y sólo pueden detectarse mediante un examen microscópico de las heces.

Giardia canis

Causa: un parásito que se encuentra sobre todo en las perreras con demasiado calor, que vive en el intestino delgado y en el grueso del perro. Fuera del cuerpo del animal forma quistes, que sobreviven en condiciones de humedad y calor. El perro se contagia cuando se pone en contacto con heces contaminadas.

Síntomas: diarrea persistente, la cual en los casos graves está cubierta de moco y rastros de sangre.

Tratamiento: con medicamentos especiales prescritos por el veterinario. Evitar el contacto con perros extraños sospechosos de estar infectados y sus heces. En las perreras deben retirarse las heces y realizar una desinfección con regularidad.

Entamoeba histolytica

Causa: parásito común en los países mediterráneos, que infecta al perro a través del agua contaminada o de los alimentos. A partir del intestino las amebas pueden afectar el hígado, los pulmones o el cerebro.

Síntomas: diarrea acompañada de fiebre y malestar general. Cuando se forman abscesos en otros órganos se producen enfermedades generalizadas con los síntomas correspondientes del órgano afectado (véase pág. 93 y pág. 118).

Tratamiento: debe realizarlo el veterinario. Si se forman abscesos en otros órganos existe peligro de muerte.

Coccidios (especies de Isospora, Sarcocystis y Cryptosporidium)

Viven en las células intestinales y forman quistes crónicos (oocistos), los cuales son eliminados a través de las heces y pueden mantenerse activos durante años.

Causa: en el caso de las especies de *Isospora*, los perros se infectan a través de las heces de otros perros. En el caso de las especies de *Sarcocystis*, los perros se contagian a través de la carne cruda de cerdo, de vacuno, de ovino y de cabra afectados. El *Cryptosporidium* puede transmitirse a través de las heces de roedores, ganado vacuno, perros y seres humanos.

Síntomas: en los casos graves, el perro presenta heces líquidas mezcladas con sangre.

Tratamiento: a través del veterinario con los medicamentos adecuados. En cuanto a los propietarios, les recomiendo limpiar regularmente las perreras, alimentar a los perros con carne cocida y prohibir al perro el contacto con las heces de otros animales.

Tenias

El propietario observador puede detectar los anillos de la tenia a simple vista. Aparecen como anillos blancos, similares a las pipas de calabaza, en forma de bastoncillo o de tallarín, en el ano o en las heces del perro. El perro sólo puede infectarse a través de un huésped intermedio, ya que no es posible la infección directa de perro a perro.

En los casos leves los perros no presentan ningún síntoma. Sólo en los casos graves aparece diarrea, pelaje hirsuto, pérdida de peso y anemia.

Dipylidium caninum

Causa: ingestión de piojos y pulgas (véase pág. 69) infestados con las larvas de la tenia. Los hombres también pueden infestarse con las larvas.

Tratamiento: junto a los antihelmínticos adecuados debe mantenerse al perro libre de ectoparásitos.

Especies de Taenia

Causa: estas tenias forman quistes infecciosos en muchos huéspedes intermedios. Pueden encontrarse en la musculatura de roedores, conejos, liebres, ovejas, cabras, corzos, ciervos, cerdos y bueyes. Dos especies de *Taenia*

(T. multiceps y *T. serialis)* pueden afectar al hombre a través de los huevos depositados en las heces de los perros. En el hombre forma quistes cerebrales.

Tratamiento: antihelmínticos adecuados a través del veterinario. El propietario puede evitar la infección alimentando al perro exclusivamente con carne cocida.

Especies de equinococos
Estas pequeñas tenias de pocos milímetros también se transmiten sólo a través de un huésped intermedio. Sin embargo, son muy importantes, ya que son muy peligrosas para el hombre. El hombre se infecta al ingerir los huevos de la tenia. Estos huevos se encuentran en las heces y el pelaje de los perros o zorros infectados. Dado que los huevos son muy resistentes al medio ambiente y sobreviven durante mucho tiempo, los hombres también podemos infectarnos al tomar fresas silvestres, plantas silvestres, etc., contaminadas con los huevos. A partir de los huevos, tanto en el hombre como en otros huéspedes intermedios se desarrollan quistes hepáticos, pulmonares o cerebrales. En estos quistes crece un gran número de pequeñas cabezas de tenia, con las cuales se infecta el perro, y en el intestino del mismo se desarrolla el gusano adulto a partir de estas pequeñas cabezas.

Echinococcus granulosus
Causa: el contagio se produce por la ingestión de hígado con quistes de ovejas, cerdos, bueyes o ratones.

Equinococo alveolar
(Echinococcus multilocularis)
Causa: las principales áreas donde se encuentra son las zonas montañosas en las regiones del sur de Suiza y Austria. El perro se infecta por comer roedores con quistes.

Tratamiento: con la medicación existente hoy en día puede realizarse un tratamiento eficaz de los equinococos. Pero la eliminación absoluta de las tenias es una condición imprescindible para evitar la afectación del hombre. Eliminar las heces infectadas y desinfectar las perreras.

Diphyllobothrium latum
En el caso de esta tenia, en las heces se encuentra un gran número de anillos. La tenia puede alcanzar una longitud total de tres metros.

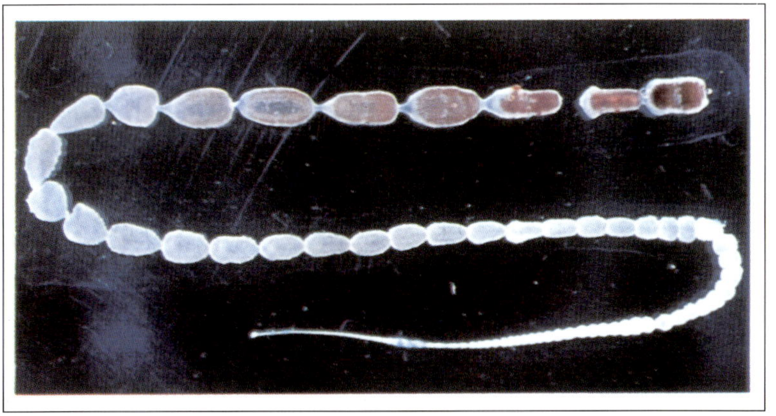

Tenia canina.

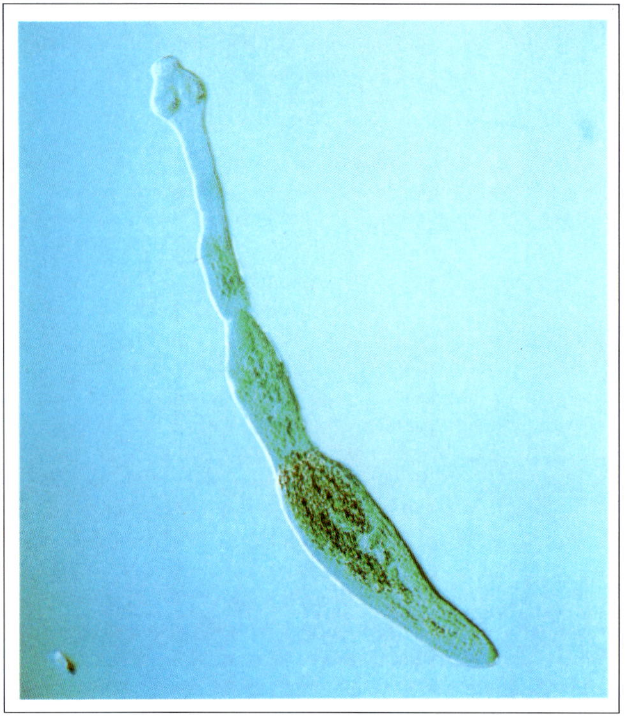

Echinococcus multilocularis.

Causa: comer peces de agua dulce y salobre crudos.

Tratamiento: a través del veterinario con los medicamentos adecuados.

Nematelmintos

Se trata de lombrices filiformes, de hasta el grosor de un espagueti, con una sección transversal redonda. Cuando la infestación es grave, éstos pueden verse en las heces o en el vómito. De otra forma la comprobación debe hacerse por examen microscópico de las heces mediante procesos especiales de concentración.

En este caso, la infección tiene lugar sin huésped intermedio, mediante la ingestión de las larvas infecciosas de las heces de otros perros, a través de la leche materna o de la piel. Las medidas higiénicas como la eliminación inmediata de las heces en las perreras, así como mantener alejado al perro de los excrementos de perros extraños durante los paseos, ayudan a prevenir la infección.

Las curas de gusanos regulares de nuestro perro, especialmente en los perros de cría, reduce la expansión de los parásitos.

Ascárides

Toxocara leonina

Causa: este ascáride aparece en los perros en crecimiento y en los perros viejos. La larva que contiene el huevo es liberada en el intestino, se desarrolla en la pared

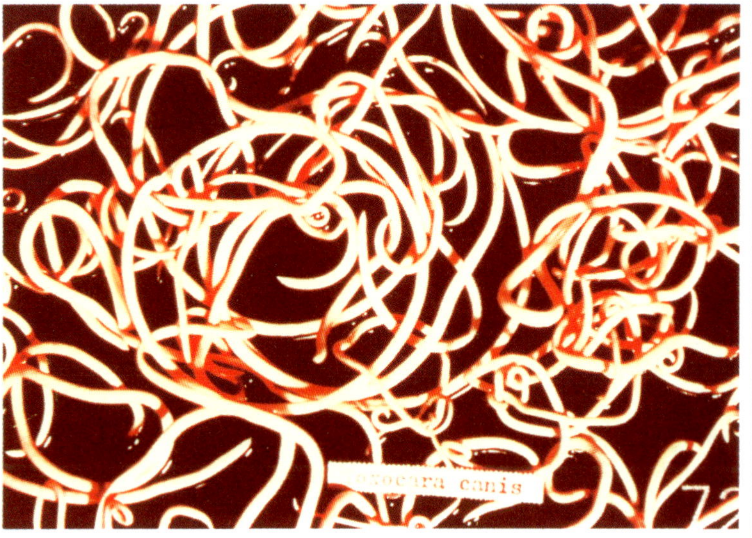

Ascárides.

intestinal y vuelve a la luz intestinal. Excepto en las infecciones masivas no hay síntomas.

Tratamiento: desparasitación regular en los perros jóvenes 2 veces al año, y en los viejos 1 vez al año.

Toxocara canis

Durante su desarrollo este ascáride realiza una emigración a través del organismo. Por este motivo debe prestársele una atención especial.

Causa: en este caso el contagio puede realizarse a través de las larvas contenidas en los huevos de las heces, a través de las larvas alojadas en los órganos de los ratones, etc. o incluso antes del nacimiento y a través de la leche materna.

Síntomas: en los cachorros, como consecuencia de una emigración de las larvas a través del organismo, puede producirse una inflamación pulmonar con secreción nasal y tos. Se detiene el desarrollo del perro, y cuando la infestación es importante en el intestino, los perros presentan abdomen hinchado. En este caso también puede producirse una oclusión intestinal aguda con vómitos. Eventualmente, los perros viejos infestados por ascárides pueden presentar diarrea.

Tratamiento: es necesaria una cura antihelmíntica regular de acuerdo con el veterinario. Ésta depende del medicamento utilizado. Es importante limpiar regularmente las perreras y mantener a los perros alejados de las heces de perros extraños.

Anquilostomas (Ancylostoma caninum, Uncinaria stenocephala)

Los anquilostomas viven en el intestino delgado del perro y son los mayores "chupadores de sangre".

Causa: a partir de los huevos eliminados con las heces, las larvas se desarrollan al aire libre. Entran por la piel y, emigrando a través del organismo del perro, llegan al intestino, donde se desarrollan hasta gusanos adultos. Los cachorros pueden infectarse a través de la leche materna.

Síntomas: cuando la infestación es importante, se produce diarrea sanguinolenta, adelgazamiento, anemia y, si no es sometida a tratamiento, provoca la muerte del cachorro. También puede provocar inflamación cutánea en la zona abdominal y en los dedos de los pies, por donde se ha introducido la larva.

Tratamiento: antihelmínticos adecuados prescritos por el veterinario.

Tricocéfalo (Trichuris vulpis)

Estos gusanos afectan el intestino grueso de los perros. Se fijan a la mucosa y chupan la sangre.

Causa: los perros se contagian por comer alimentos contaminados.

Síntomas: las heces del perro afectado se hayan teñidas de sangre; cuando la afectación es importante se desarrolla una enteritis con diarrea sanguinolenta, postración y anemia.

Tratamiento: administración de los antihelmínticos adecuados según el consejo de su veterinario.

Hígado

El hígado está situado detrás del diafragma, en la cavidad abdominal. Habitualmente no sobrepasa el arco de las costillas; junto a su superficie visceral se encuentra el estómago. En el hígado se produce la bilis, la cual desempeña un importante papel en la digestión (véase pág. 85). La bilis está formada por los pigmentos biliares y los ácidos biliares. Los ácidos biliares reducen la presión hidrostática del quimo alimentario y con ello facilitan la digestión de las grasas y de las proteínas. Los pigmentos biliares, subproductos de la hemoglobina, en el perro están formados básicamente por bilirrubina, la cual en el intestino es transformada en estercobilina, y que determina el color marrón oscuro de las heces. Los componentes de la alimentación separados mediante los

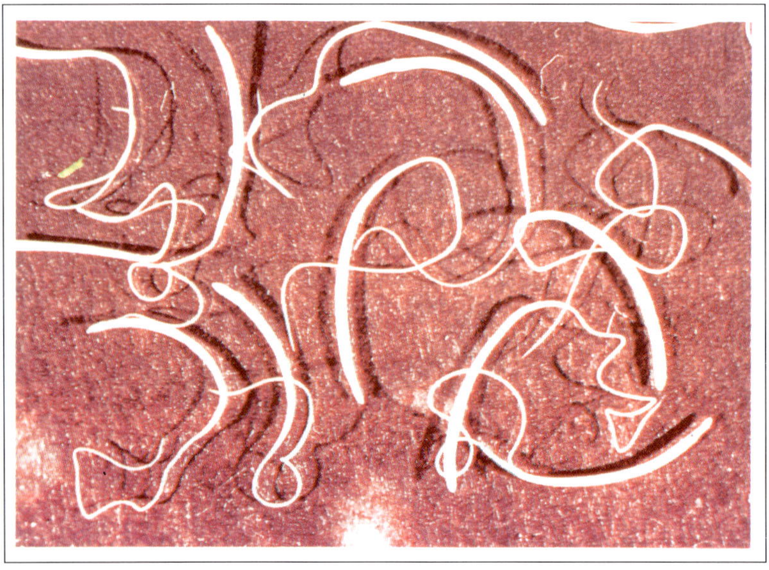

Tricocéfalos.

enzimas digestivos en el intestino delgado son reabsorbidos a través de la pared intestinal y transportados por la vena porta hasta el hígado.

El hígado tiene una función central como órgano metabólico. Transforma los carbohidratos reabsorbidos en glucógeno o grasas como formas de almacenamiento, trabaja los ácidos grasos afluentes y, a partir de los aminoácidos reabsorbidos, sintetiza las proteínas endógenas. Además, almacena vitaminas y oligoelementos (véase pág. 17).

Pero también tienen lugar en el hígado los procesos de degradación, como el catabolismo de las proteínas propias del organismo en urea y ácido úrico, del glucógeno en glucosa y el catabolismo de las grasas endógenas en colesterol y ácidos grasos. Asimismo, es el órgano donde se metabolizan y eliminan los medicamentos, hormonas y sustancias tóxicas.

Enfermedad por acumulación de cobre

Es una enfermedad hereditaria que se presenta en los Bedlington terrier.

Causa: el cobre, que normalmente es almacenado en el hígado, en estos animales es reabsorbido en mayor cantidad en el intestino y comporta una sobresaturación de las células hepáticas.

Síntomas: los animales comen mal, con frecuencia tienen vómitos y diarreas y adelgazan. En los últimos estadios las mucosas toman una coloración amarillenta (ictericia) y el volumen del abdomen aumenta debido a la acumulación de agua en la cavidad abdominal (ascitis).

Tratamiento: una vez diagnosticada la enfermedad, el perro debe ser alimentado con una dieta pobre en cobre. Se le puede dar requesón y productos cereales, pero nunca alimentos enlatados ni carne. En todo caso, estos animales no deben ser empleados para la cría.

Anomalías vasculares en la región de la vena porta (shunts portosistémicos)

En condiciones normales, la vena porta lleva la sangre desde el estómago y el intestino delgado hasta el hígado, donde son procesados los componentes de los alimentos.

Causa: cortocircuitos, es decir, vasos que conectan la vena porta directamente con las grandes venas del organismo. De esta manera, el flujo sanguíneo pasa directamente a la circulación sistémica, de forma que sustancias como p. ej. los ácidos biliares, el amoníaco o los medicamentos pasan directamente a otros órganos, sin ser procesados previamente.

Síntomas: generalmente aparecen en perros de uno a dos años. Los animales son más tranquilos de lo normal para su edad y raza, se ha detenido su crecimiento y tienden a presentar diarrea y vómitos. En casos avanzados pueden aparecer crisis convulsivas.

Tratamiento: una vez localizado el shunt, puede intentarse una reparación quirúrgica. De otra manera, debe administrarse al perro una dieta pobre en grasas y con alto contenido proteico tres veces al día.

Hepatitis

El hígado es un órgano con una gran capacidad regenerativa, de forma que las enfermedades pueden permanecer solapadas durante mucho tiempo. Pero al ser un órgano metabólico central puede quedar comprometido cuando existe una enfermedad en otros órganos. Como consecuencia puede desarrollarse una cirrosis hepática, una ictericia y, en caso de enfermedad hepática crónica, una ascitis.

Causa: infecciones víricas (p. ej. hepatitis contagiosa canis, véase pág. 127), bacterianas (p. ej. salmonela, *E. coli*, leptospirosis, véase pág. 128); parasitosis

(p. ej. amebas, véase pág. 88), babesias u otras enfermedades orgánicas como la diabetes mellitus (véase pág. 124), el síndrome de Cushing (véase pág. 134), así como intoxicaciones y tratamientos prolongados con medicamentos.

Síntomas: disminución del apetito; al principio los perros todavía se dirigen a la escudilla de la comida, sin embargo después dan media vuelta. Aparecen vómitos y diarreas, con heces de color claro, y aumento de la sed. Según la enfermedad de base, el animal presenta fiebre, y en casos graves tendencia a las hemorragias, ictericia y ascitis (véase más abajo).

Tratamiento: a través del veterinario, el cual puede ayudar al perro mediante ciertas exploraciones y tratamientos. El propietario también puede ayudar mediante la administración de una dieta adecuada (véase pág. 21).

Ictericia

Llama la atención la coloración amarillenta de la conjuntiva palpebral y de la mucosa bucal no pigmentada. Se produce por un aumento de los pigmentos biliares en sangre y su depósito en los tejidos conjuntivos.

Causa: aumento de los pigmentos biliares por destrucción de los glóbulos rojos (p. ej. en caso de intoxicación, véase pág. 130), babesiosis (véase pág. 126) o tumores del bazo (véase pág. 125). Así mismo, cuando existe una enfermedad hepática grave y, por alteración del tejido hepático, los pigmentos biliares no son almacenados en las vías biliares, sino que pasan directamente a la sangre. También cuando se produce una oclusión de las vías biliares a causa de cálculos biliares.

Síntomas: coloración amarillenta de las mucosas y en los perros blancos también de la piel; los perros beben mucho y la orina es de color amarillo oscuro. Para más síntomas véase el apartado Hepatitis.

Tratamiento: es necesario el tratamiento inmediato por parte del veterinario.

Hidropesía abdominal (ascitis)

En poco tiempo pueden acumularse grandes cantidades de líquido en la cavidad abdominal, lo que se produce por un estancamiento de los grandes vasos sanguíneos.

Causa: enfermedades hepáticas crónicas, aunque también en caso de insuficiencia cardíaca (véase pág. 73) o tumores abdominales (p. ej. leucosis).

Síntomas: dependen de la enfermedad de base; el propietario nota la disminución del apetito del perro y el aumento paulatino del volumen abdominal. En los casos típicos el abdomen presenta una hendidura transversal en forma de pera y se notan los huesos de la columna vertebral. El perro presenta una apatía cada vez mayor y una respiración entrecortada.

Tratamiento: tratamiento inmediato por parte del veterinario.

Tumores hepáticos

Los tumores hepáticos pueden originarse en el propio tejido hepático o corresponder a metástasis de tumores del bazo, intestinales, mamarios, prostáticos, etc.

Síntomas: dado que el hígado tiene una gran capacidad regenerativa, generalmente el perro sólo presenta síntomas cuando ya es tarde para realizar un tratamiento. Los síntomas son similares a los de una hepatitis, pero su evolución es muy rápida.

Tratamiento: en la mayoría de los casos el tratamiento no es posible.

Páncreas

El páncreas se encuentra situado junto al duodeno, y en éste desembocan sus conductos de salida, a través de los cuales se excretan los enzimas digestivos y el bicarbonato sódico. Más adelante se describirá su importancia como glándula productora de hormonas (véase pág. 123).

Hipofunción del páncreas (insuficiencia pancreática)

El páncreas produce insuficientes enzimas digestivos (véase pág. 85), de forma que el perro no puede digerir correctamente los alimentos.

Causa: puede ser congénita, como p. ej. en el Pastor alemán, estar producida por la destrucción del tejido pancreático o ser consecuencia de una enteritis o pancreatitis.

Síntomas: a pesar de tener mucha hambre los perros pierden peso. Llama la atención las frecuentes deposiciones. Las heces son pastosas, de color de arcilla, y pueden observarse componentes no digeridos de la alimentación y gotas de grasa. Con frecuencia se producen procesos de fermentación en el intestino, de forma que el perro presentará meteorismo y ruidos intestinales gorgoteantes.

Tratamiento: una dieta adecuada y la administración de enzimas digestivos ayudarán al perro.

Enfermedades del aparato urinario

El aparato urinario está constituido por los dos riñones, que son los productores de la orina, y los órganos de excreción de la orina: los dos uréteres, la vejiga urinaria y la uretra.

Los **riñones** se sitúan a derecha e izquierda de la columna vertebral en la región de las vértebras lumbares. Su función consiste en la filtración de la sangre, la reabsorción del agua, los minerales y la glucosa, y la eliminación de las sustancias propias de la orina como la urea, el ácido úrico y los productos de degradación de medicamentos.

A través de los **uréteres**, la orina llega a la **vejiga urinaria**. Cuando está vacía se sitúa en la pelvis, pero según su nivel de llenado puede tomar grandes proporciones, y en casos extremos puede alcanzar el esternón.

La **uretra** empieza en la salida de la vejiga (cuello de la vejiga) y, en las hembras, desemboca entre la vagina y el pubis. En los machos es más larga, desemboca en la punta del pene y está estrechada en el último tramo por el hueso peneano. En los machos, además de la orina también se excreta el líquido seminal (véase pág. 98).

Cuando la vejiga urinaria ha alcanzado un determinado nivel de llenado, debido a su dilatación se desencadena el mecanismo de vaciado. Este vaciamiento se realiza involuntariamente, aunque con el conveniente entrenamiento, al igual que ocurre en los humanos, el perro puede controlar la micción.

Lesión renal aguda (insuficiencia renal aguda)

Debido a diversas causas se produce una disminución de la irrigación renal o una lesión celular, de forma que la función renal, es decir, la producción de orina, queda limitada. Como consecuencia se produce un aumento de productos tóxicos en la sangre.

Causa: la nefritis puede estar provocada por leptospirosis (véase pág. 128), intoxicaciones (véase pág. 130) y también por situaciones de shock (véase pág. 55) o una acumulación súbita de orina debida a la obstrucción de los uréteres por cálculos urinarios.

Síntomas: el perro sólo elimina pequeñas cantidades de orina, aunque con mayor frecuencia. Además tiene el lomo arqueado y dolor en la región lumbar. Le aumenta la sed, pero el alimento sólo lo toma de forma titubeante. Otros síntomas como fiebre, vómitos, sangre en la orina o palidez de las mucosas dependen de la correspondiente enfermedad de base.

Tratamiento: es necesario el tratamiento inmediato por parte del veterinario.

Lesión renal crónica (insuficiencia renal crónica)

En este caso, debido a una lesión renal prolongada se llega a una hipofunción. Los riñones ya no pueden concentrar la orina y aumenta la eliminación de la misma. Más adelante el riñón no es capaz de fabricar la orina. Como consecuencia aumenta el nivel de sustancias tóxicas en la sangre.

Causa: puede ser provocada por una lesión renal aguda que se convierte en crónica, enfermedades cardíacas (véase pág. 71), diabetes mellitus (véase pág. 124), inflamaciones de la vejiga urinaria o del útero (véase pág. 101) en las hembras; también es posible que se deba a enfermedades prostáticas (véase pág. 99) en los machos, o incluso a una alimentación inadecuada como p. ej. una dieta a base sólo de carne (véase pág. 20).

Síntomas: el perro bebe mucho y también aumenta la cantidad de orina eliminada, y con frecuencia también hace sus necesidades en la vivienda. Los perros se muestran inactivos y comen con desgana. Posteriormente vomitan y se deshidratan por la pérdida de líquidos.

Tratamiento: es necesario un tratamiento inmediato por parte del veterinario. Además, debe realizarse una dieta renal de por vida (véase pág. 23) y debe evitarse el estrés con el fin de no sobrecargar la circulación.

Fallo renal (uremia)

Constituye el estadio terminal de las enfermedades anteriormente descritas.

Causa: véanse los anteriores apartados.

Síntomas: el perro deja de comer, bebe mucho, aunque vomita los líquidos. También puede presentar diarrea. Llama la atención el aliento con olor a orina. Se elimina muy poca o ninguna cantidad de orina.

Tratamiento: tratamiento inmediato e intensivo a cargo del veterinario. Mediante procedimientos analíticos se determina en qué medida se encuentra afectado el tejido renal y si es posible una recuperación.

Inflamación de la vejiga urinaria (cistitis)

La mucosa de la vejiga urinaria está lesionada o alterada, de forma que pueden producirse hemorragias.

Causa: infecciones bacterianas por colibacterias, estreptococos o estafilococos; cálculos urinarios que irritan mecánicamente la mucosa vesical; alteraciones de la irrigación por aumento del tamaño de la próstata (véase pág. 99) o parálisis nerviosa, p. ej. por lesiones ligamentosas (véase pág. 116).

Síntomas: necesidad frecuente de orinar, es decir, durante los paseos el macho levanta la pata más veces de lo habitual o la hembra se sienta con mayor frecuencia pero sólo consiguen eliminar un poco o unas gotas de orina. En algunas ocasiones, tras la micción aparecen unas cuantas gotas de sangre. Con frecuencia los perros dejan de ser aseados.

Tratamiento: el veterinario debe administrar los medicamentos adecuados.

Cálculos urinarios

Las sales que no se disuelven en la orina, sino que precipitan en forma de pequeños cristales pueden formar arenilla o cálculos. Según su situación pueden distinguirse cálculos renales, vesicales o uretrales. Según su composición tendremos cálculos

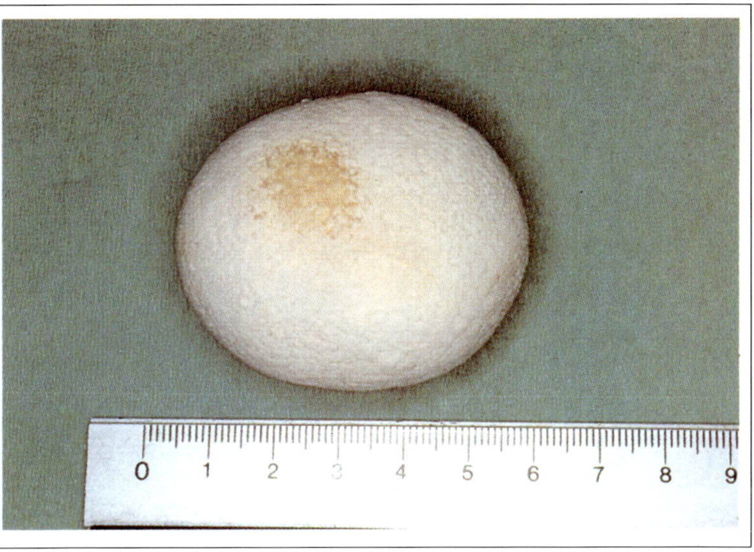

En las hembras, los cálculos vesicales pueden alcanzar, como en este caso en un Terrier australiano, un tamaño considerable.

de estruvita (magnesio-amonio-fostato), cistina, uratos u oxalatos.

Causa: cuando existe una inflamación del riñón o de la vejiga urinaria, la alteración del pH de la orina puede provocar la precipitación de cristales (cálculos de estruvita). Los trastornos metabólicos (cálculos de uratos y de cistina) y un aporte excesivo de determinadas sustancias a través de la alimentación (cálculos de oxalatos) pueden favorecer la formación de cálculos.

Síntomas: dependen de la situación de los cálculos. Los principales síntomas son el aumento de la frecuencia miccional, el aumento de la ingestión de líquidos y la aparición de sangre en la orina. En los machos, debido al estrechamiento de la uretra por el hueso peneano, incluso cálculos diminutos pueden provocar la incapacidad total de eliminación de orina. Como consecuencia se produce un estancamiento de orina.

Tratamiento: el tratamiento sólo puede ser llevado a cabo por el veterinario y depende del tipo de cálculos y de su localización. En algunos casos, una dieta especial puede disolver los cálculos urinarios. En otros casos, los cálculos deben ser extraídos mediante una intervención quirúrgica y debe evitarse una nueva formación de los mismos mediante una dieta correspondiente.

Incontinencia de orina

En los perros adultos que siempre han sido aseados, se produce una pérdida de gotas de orina, que pueden detectarse especialmente en su lugar de reposo.

Causa: en los cachorros, la pérdida de pequeñas cantidades de orina durante el juego, cuando están agitados o cuando tienen miedo es un comportamiento normal. Desaparece cuando el perro consigue un control completo de su vejiga urinaria. Sin embargo, si aparece en los machos adultos, puede ser debido a un aumento de tamaño de la próstata, y en las hembras a una pérdida de las hormonas femeninas después de la castración. También puede deberse a lesiones nerviosas.

Síntomas: el propietario encuentra manchas amarillas que huelen a orina en el lugar de descanso del perro.

Tratamiento: a través del veterinario; depende de la causa.

Enfermedades de los órganos genitales

Órganos genitales masculinos

Los órganos genitales de los machos están constituidos por los testículos y los epidídimos, situados en el saco testicular. En los testículos se encuentran los canales seminales, en los cuales se forman las células del esperma (espermatocitos). Durante su migración a través del epidídimo los espermatocitos maduran (espermatozoides) y, al producirse la eyaculación, son conducidos a través del conducto deferente hasta la uretra, y a través del pene son introducidos en la vagina de la hembra.

Además, los machos cuentan con las vesículas seminales, situadas al final del conducto deferente, y con la próstata, las cuales con sus secreciones aseguran la nutrición y movilidad de los espermatozoides, y constituyen la mayor parte del semen.

Criptorquidia

Significa que el testículo no está situado en el saco testicular, sino que permanece escondido.

Causa: durante la etapa fetal, el testículo se sitúa detrás del riñón. Después emigra, a través del conducto inguinal, desde la cavidad abdominal hasta el saco testicular, donde puede palparse a partir del 3er mes de vida. Cuando se producen alteraciones en este descenso de los testículos, uno o los dos testículos pueden permanecer en la cavidad abdominal o en el conducto inguinal.

Síntomas: en el macho puede palparse el testículo en el conducto inguinal o simplemente no palparse. El perro no tiene molestias, pero con la edad los testículos mal colocados pueden degenerar en tumores (véase más abajo).

Tratamiento: dado que la enfermedad es hereditaria, estos perros deben ser excluidos de la cría. Para evitar una degeneración tumoral se puede intentar ayudar al perro con inyecciones de hormonas. Sin embargo, la mayoría de las veces no existe otra posibilidad que la extirpación quirúrgica del testículo mal colocado.

Orquitis

Las inflamaciones a nivel testicular son muy dolorosas y pueden provocar esterilidad.

Causa: son posibles las lesiones por magulladuras o contusiones o las infecciones víricas o bacterianas (p. ej. moquillo, brucelosis, estafilococosis).

Síntomas: existe un aumento de tamaño de los testículos, el saco testicular está caliente, y la palpación es muy dolorosa. Generalmente los machos tienen fiebre, andan con mucho cuidado y desean permanecer sentados.

Tratamiento: debe realizarlo el veterinario inmediatamente con los medicamentos adecuados con el fin de evitar secuelas posteriores.

Tumores testiculares

Aparecen especialmente en machos viejos y pueden ser uni o bilaterales.

Causa: los testículos mal dispuestos degeneran más fácilmente, pero los testículos bien colocados en el saco testicular también pueden degenerar en los perros de edad avanzada.

Síntomas: el propietario notará el aumento de tamaño del testículo. Generalmente el testículo es de consistencia dura y no es doloroso. En algunos tumores existe un aumento en la producción de hormonas sexuales femeninas (estrógenos), lo que en el macho provoca la caída de pelo en los flancos, coloración más oscura de la piel y aumento del tamaño de las tetillas (véase pág. 66).

Tratamiento: es necesaria la extracción quirúrgica del tumor por parte del veterinario.

Esterilidad en los machos

Generalmente, sólo se detecta en los perros dedicados a la cría y puede ser debida a una impotencia o a una incapacidad de fecundación.

Causa: las malformaciones congénitas como testículos poco desarrollados, la criptorquidia o las consecuencias de una orquitis pueden provocar una incapacidad para fecundar. La impotencia puede estar provocada por causas psicológicas como la inexperiencia, condiciones ambientales desconocidas, aunque también puede deberse a enfermedades del corazón, articulares y de la columna vertebral.

Síntomas: el apareamiento con varias hembras sin que se produzca embarazo debe hacer sospechar una esterilidad.

Tratamiento: sólo puede ser realizado por el veterinario después de unos exámenes especiales del semen. Deben tratarse las enfermedades de base, p. ej. cambiar las condiciones ambientales.

Enfermedades prostáticas

Esta glándula sexual rodea la uretra a nivel de la pelvis. Cuando aumenta de tamaño se estrecha la cavidad pélvica y empuja el recto hacia arriba.

Causa: las inflamaciones de la próstata, las cuales pueden provocar la formación de abscesos, la presencia de quistes, el aumento de tamaño benigno de la próstata en los machos viejos o los tumores pueden provocar la aparición de los síntomas de estas enfermedades.

Síntomas: cuando existe un aumento de tamaño de la próstata se producen trastornos del ritmo deposicional. El perro debe esforzarse más y las heces tienen un diámetro menor. Además, tras la micción o en su lugar de reposo se produce un goteo de orina mezclada con sangre en la punta del pene. Cuando existe inflamación prostática (prostatitis) se producen trastornos en la micción y se expulsa orina purulenta y hemorrágica. Es doloroso para el perro, que presenta un paso rígido de las extremidades posteriores. También puede aparecer fiebre.

Tratamiento: tras el diagnóstico, el veterinario prescribe el tratamiento adecuado. Con el fin de facilitar la expulsión de las heces, es útil verter aceite sobre los alimentos. Deben evitarse completamente los huesos y todos aquellos alimentos que provocan la formación de heces duras.

Catarro prepucial

Puede observarse en machos de todas las edades.

Causa: una infección bacteriana del prepucio que generalmente se produce durante la época de celo de las hembras.

Síntomas: goteo de una secreción verde-amarillenta del prepucio del macho para disgusto del propietario. El perro se lame más frecuentemente el pene y, en algunas ocasiones, la punta del pene está enrojecida e inflamada.

Tratamiento: enjuague diario del prepucio con un desinfectante suave prescrito por el veterinario.

Órganos genitales femeninos

Los órganos genitales femeninos están constituidos por los dos ovarios, los dos oviductos, el útero, la vagina y la vulva. En los dos ovarios se fabrican las dos hormonas estrógeno y progesterona, cuya producción es regulada por la hipófisis. Por su parte, las hormonas ováricas controlan el crecimiento y la destrucción de la mucosa uterina y procuran el mantenimiento del embarazo.

El celo

En las hembras, el primer celo se presenta a la edad de 7-10 meses, en algunas razas incluso más tarde. Se repite 1-2 veces al año durante toda la vida; las hembras no sufren la menopausia como ocurre en los seres humanos.

Proestro: la vulva se hincha y se observa un flujo acuoso, sanguinolento, que hacia el final se vitrifica. Entre tanto, en los ovarios maduran algunos folículos y aumenta la producción de estrógenos. La mucosa del útero se engrosa y se prepara para la anidación del óvulo fecundado. Esta fase acostumbra a durar 9-11 días.

Estro: la vulva sigue hinchada, el flujo se ha reducido y es claro. La hembra se muestra preparada para recibir al macho. En el ovario se produce la eclosión de los folículos, los óvulos se sitúan en las trompas, donde son fecundados por los espermatozoides. Esta fase dura 5-10 días.

Metaestro: la vulva se deshincha, desaparece el flujo y la hembra rechaza a los machos. En el ovario, en la cavidad que ha quedado después de la eclosión del folículo se forma el cuerpo amarillo. Éste produce la hormona progesterona, la cual estimula la mucosa del útero para la fabricación de la secreción glandular que permite la anidación y nutrición del óvulo fecundado.

Si la hembra no ha sido cubierta, la mucosa uterina envía un mensaje, gracias a la hormona prostaglandina, al ovario, para indicarle que no es necesario seguir con la producción de hormona. Esta fase de retroceso dura 30-60 días.

Ciclo sexual de la hembra

Fase del ciclo	Duración	Síntomas
Proestro	9-11 días	hinchazón de los labios de la vulva, flujo sanguinolento
Estro	5-10 días	hinchazón de los labios de la vulva, flujo claro, menor cantidad, aceptación del macho
Metaestro	30-60 días	desaparición de la hinchazón de los labios de la vulva, desaparición del flujo, rechazo del macho
Anestro	6-10 meses	labios de la vulva pequeños, inexistencia de flujo

Anestro: la vulva recupera su tamaño normal, no hay flujo. El ovario produce sólo pequeñas cantidades de hormonas sexuales y la mucosa uterina es delgada. La duración de esta fase varía enormemente y puede ser de 6-10 meses.

Trastornos en el transcurso del celo

No aparición del celo

Por norma general, las hembras entran en celo a los 7-10 meses de edad y desde entonces 1-2 veces al año.

Causa: cuando no se presenta el celo es debido a una hipofunción ovárica.

Síntomas: ningún celo hasta la edad de 18 meses, un periodo de tiempo demasiado largo entre los celos, o el celo no aparece después de un parto.

Tratamiento: sólo puede realizarlo el veterinario, pero no es necesario para las hembras que no quieren dedicarse a la cría.

Celo prolongado

Incluso en condiciones normales el transcurso del celo es variable en su duración (véase pág. 100). Por este motivo, cada propietario debería informarse sobre los ciclos individuales de su hembra.

Causa: alteraciones del equilibrio hormonal hipofisario u ovárico.

Síntomas: flujo sanguinolento vaginal prolongado hasta 21 días, o debido a una prolongación de la acción estrogénica la hembra presenta una disponibilidad a la cópula durante más de 12 días.

Tratamiento: dado que la consecuencia de estos trastornos puede ser una inflamación del útero, es aconsejable un tratamiento por parte del veterinario.

Inhibición del celo

Si no desea un embarazo, durante el periodo de celo debe prestar a su hembra unas atenciones especiales. El apareamiento es necesario para su hembra, ya que cuando se le da la oportunidad incluso el animal más obediente corre con el macho elegido.

Existen dos posibilidades de controlar el celo: la inhibición medicamentosa del celo y la castración. El celo se inhibe con preparados hormonales en forma de dosis única. Su veterinario le indicará el momento de administrar las siguientes inyecciones. Desgraciadamente, el tratamiento no carece de efectos secundarios. En la edad avanzada aparecen con mayor frecuencia inflamaciones del útero y tumores mamarios.

La castración consiste en la extracción quirúrgica de los ovarios y habitualmente también del útero. Como efecto secundario al déficit de estrógenos puede aparecer incontinencia urinaria. El temido aumento de peso después de la castración está determinado, únicamente, por la alimentación.

Evitar el embarazo

Si su hembra se escapa en el punto álgido del celo y la encuentra cuando el macho ya está cubriéndola, ya es demasiado tarde para actuar (véase pág. 103). Debe ser comprensivo y esperar a que los animales se separen. Puede evitarse el embarazo mediante una inyección de hormonas al 3er, 5º, 7º o al 5º, 7º, 9º día posteriores al apareamiento. Como efecto colateral de este tratamiento se produce una prolongación del celo o bien existe el peligro de una inflamación del útero.

Metritis

La mucosa del útero se engrosa bajo la influencia de las hormonas ováricas y puede ser colonizada por bacterias.

Causa: trastornos hormonales o tratamientos hormonales pueden provocar una inflamación. También cuando se produce una infección bacteriana y el cuello del útero (cervix) está cerrado puede producirse una acumulación de pus en el útero.

Síntomas: aproximadamente a las 3-10 semanas del celo, la hembra languidece y tiene mucha sed. Si el cuello del útero está abierto, la hembra presenta un flujo vaginal purulento. Si el cuello del útero está cerrado se observa un aumento de tamaño del abdomen, a pesar de que la hembra coma poco o rechace los alimentos. Si la enfermedad evoluciona durante largo tiempo aparecen vómitos debido a una lesión renal.

Tratamiento: llevar a la hembra inmediatamente al veterinario, el cual dependiendo de la gravedad del caso realizará un tratamiento medicamentoso o quirúrgico.

Vaginitis

Aparece en hembras jóvenes o preñadas.

Causa: infecciones bacterianas en animales con el sistema inmunitario debilitado.

Síntomas: la hembra se lame frecuentemente la vulva, y el propietario puede descubrir una secreción mucopurulenta o bien pelos enganchados en la vulva.

Tratamiento: en todos los casos es necesario determinar la causa y aplicar un tratamiento según el consejo del veterinario.

Tumores vaginales

Son neoformaciones de la mucosa vaginal que pueden observarse en las hembras viejas.

Causa: generalmente los tumores vaginales son formaciones benignas y esféricas situadas en la vagina. Los excepcionales tumores malignos pueden invadir hasta la uretra o provocar metástasis pulmonares.

Síntomas: el propietario observa un aumento del grosor del tejido junto a la vulva. Cuando el tumor alcanza un cierto tamaño, la hembra tiene problemas para la eliminación de orina y heces. A veces, después de la micción se descubre la presencia de sangre fresca. En la hendidura vulvar también aparecen espontáneamente tumores pedunculados como formaciones esféricas.

Tratamiento: cirugía por parte del veterinario.

Prolapso vaginal

Aparece con frecuencia en hembras jóvenes de razas grandes en relación con el periodo de celo.

Causa: debido a un elevado nivel de estrógenos se produce una relajación de la mucosa vaginal.

Síntomas: entre la vulva aparece una masa rosada en forma de anillo que la hembra lame.

Tratamiento: tratamiento veterinario inmediato.

Embarazo fantasma

La hembra no apareada tiene un comportamiento igual al que tiene una hembra después del nacimiento de los cachorros.

Causa: en los ovarios, los cuerpos amarillos no involucionan (véase pág. 100) y provocan un trastorno hormonal.

Síntomas: 4-6 semanas después del celo, la hembra se muestra intranquila, lleva los juguetes de un lado a otro y tiene el comportamiento típico de construcción de nido de una hembra antes del parto. Las mamas se engrosan y existe producción de leche.

Tratamiento: en los casos poco importantes son suficientes las medidas de distracción del propietario como eliminar los juguetes, paseos frecuentes y alimentación comedida. Cuando la hembra tiene mucha leche, debe evitarse que se mame ella misma con el fin de eliminar el peligro de una inflamación de las glándulas mamarias. En los casos graves es necesario un tratamiento por parte del veterinario.

Inflamación de las glándulas mamarias (mastitis)

Consiste en una hinchazón muy dolorosa de las mamas en la hembra en periodo de lactancia.

Causa: a través de pequeñas heridas de las mamas, las bacterias entran en el tejido glandular y provocan una infección.

Síntomas: complejos glandulares aislados o el sistema completo de lactancia está hinchado, duro y la piel que lo cubre está caliente. La hembra presenta dolor a la palpación, la leche que fluye es acuosa, sanguinolenta o agria.

Tratamiento: es necesario el tratamiento inmediato por parte del veterinario, ya que la leche infectada puede ser causa de la muerte de los cachorros.

Tumores mamarios

Aparecen con frecuencia en las hembras de más de seis años.

Causa: la formación de estos tumores se ve favorecida por el embarazo fantasma o por la inhibición medicamentosa del celo. La mayor parte de estos tumores son malignos y pueden provocar mestástasis pulmonares y hepáticas.

Síntomas: engrosamientos nodulares que al principio tienen el tamaño de un guisante y que pueden crecer hasta el tamaño de una pelota de niño. Generalmente se observa un crecimiento de los nódulos después del celo.

Tratamiento: en caso de un tumor de crecimiento rápido acudir inmediatamente al veterinario; éste puede llevar a cabo el tratamiento adecuado, generalmente en forma de una intervención quirúrgica. En las hembras de más de 6 años, el propietario debería controlar regularmente (una vez al mes) las mamas, mediante una cuidadosa palpación, y en caso de encontrar alguna variación acudir inmediatamente al veterinario.

La reproducción

El apareamiento, la gestación y el parto

El apareamiento dura aproximadamente 15-40 minutos, ya que el macho queda colgado de la vagina mediante un cuerpo esponjoso situado en el pene. Durante este estadio el macho y la hembra no pueden ser separados bruscamente, ya que esto provocaría graves lesiones.

Los óvulos fecundados en el oviducto se dividen, emigran durante 3-5 días al útero y al principio se nutren mediante la secreción glandular de la mucosa.

Durante la gestación se desarrollan, por una parte, los múltiples estadios del embrión y, por otra, las cubiertas del óvulo fecundado. Mediante el estrecho contacto de las cubiertas del huevo con la mucosa del útero existe un traspaso de sustancias nutritivas y oxígeno, y el embrión, más adelante el feto, crece rápidamente. Como promedio, la gestación dura 63 días, aunque existen variaciones entre 59 y 67 días.

La comprobación del embarazo

Entre 24 y 30 días después del apareamiento, el veterinario percibe mediante palpación las ampollas esféricas del útero. Cuando las hembras son obesas o miedosas se presentan dificultades, ya que durante la exploración contraen la pared abdominal. A partir de la 4ª semana es posible realizar otras exploraciones con ayuda de un aparato de ultrasonidos (ecografía), o a partir de la 6ª semana mediante radiografías.

En el último tercio de la gestación, el propietario comprobará el aumento de volumen abdominal y la preparación de las mamas. Al final de la gestación, la hembra presenta un abdomen colgante, las mamas han alcanzado un volumen considerable y puede extraerse leche de los pezones.

El cuidado de las hembras preñadas

Como propietario debe dar a la hembra preñada una alimentación adecuada. Hasta la 4ª semana de gestación debe alimentarla según sus necesidades. Después, debe ser alimentada 3 veces al día con alimentos energéticamente ricos (1,4 veces en las razas pequeñas y 1,7 veces en las razas grandes) y proteínas con un alto valor biológico.

También debe tenerse en cuenta el aumento de las necesidades de vitaminas y minerales. Si la alimentación es correcta, al final de la gestación la hembra debe pesar el 120-150 % de su peso habitual.

Hacia el final de la gestación, hay que preparar una zona de parto en un lugar tranquilo. Puede tratarse de una esquina separada por tablas de una habitación, con un cesto para perros, un colchón o una manta, o también una cesta de camada. Tenga en cuenta que la zona debe ser de fácil limpieza, ya que durante el parto se ensucia con sangre o con el líquido amniótico. Cuando la hembra ya se ha familiarizado con este lugar, desaparece una parte del estrés psíquico del parto.

Con frecuencia, antes del parto la hembra no toma alimentos, por lo que hay que poner a su disposición agua suficiente o té con glucosa.

Tenga preparada una lámpara calorífica para los recién nacidos, ya que durante sus primeros días de vida no son capaces de mantener su temperatura corporal y se enfrían rápidamente.

Antes del parto, hay que cubrir la zona con celulosa absorbente sobre una capa de

Para amamantar a sus cachorros, la hembra necesita un lugar higiénico y tranquilo.

papel de periódico con el fin de evitarse problemas a la hora de limpiar.

Como propietario debería permanecer tranquilo durante el parto; en la mayoría de los casos no se presentan complicaciones.

El parto

A parte de los signos tales como la secreción de leche y el abdomen colgante, el momento del parto puede determinarse de forma muy fiable mediante la medición de la temperatura. Aproximadamente 12-24 horas antes del parto, la temperatura corporal disminuye alrededor de 1 °C. Por ello a partir del 58º día, es aconsejable controlar la temperatura corporal de la hembra 2 veces al día (véase pág. 38).

El parto comienza con la **fase de dilatación**, en la cual se ensancha el canal del parto. Generalmente, la hembra está intranquila, rechaza los alimentos y eventualmente puede vomitar. Durante este periodo ya tiene contracciones, aunque no pueden observarse externamente. Esta fase dura de 6 a 12 horas.

En la siguiente **fase de expulsión**, los cachorros nacen mediante contracciones evidentes. Los cachorros todavía están envueltos por el saco amniótico, el cual es retirado por la hembra mediante los incisivos. La hembra también se come la placenta, que es expulsada a los 15 minutos.

Por norma general, la expulsión del primer cachorro es más larga que la de los siguientes. El tiempo entre uno y otro cachorro no debería sobrepasar las dos horas. En algunas ocasiones pueden parirse dos cachorros prácticamente seguidos, antes de que se haya expulsado la placenta del primero. Sin embargo, al final el número de cachorros debe coincidir con el número de placentas.

Tras el parto del último cachorro y de su placenta, el útero se contrae. Al principio, la hembra presenta un flujo verde oscuro con coágulos sanguíneos, que disminuye paulatinamente, y 2 semanas después del parto es mucoso y rojizo. Cuatro semanas después del parto, el útero ha involucionado.

Las dificultades en el parto

Para eventuales complicaciones se recomienda preparar un desinfectante, unas tijeras estériles, toallas y una palangana con agua.

Si a pesar de existir contracciones un cachorro queda bloqueado en el canal del parto y se ve la cola y las patas posteriores, los propietarios con experiencia pueden intentar ayudar al parto tirando cuidadosamente de ambas patas, siguiendo el ritmo de las contracciones. Pero por favor, no tirar con ímpetu de una sola pata o de la cola. Si por el contrario la presentación es de cabeza, puede esperarse tranquilamente al próximo cachorro.

Si la hembra no abre ella misma el saco amniótico de los cachorros, existe peligro de asfixia. Abra el saco amniótico, limpie rápidamente la mucosidad de la cavidad bucal del cachorro y vigile su primera inspiración. Corte con las tijeras el cordón umbilical, a unos 3 cm del abdomen, y frote al cachorro para secarlo. Después colóquelo junto a las mamas de la hembra.

Al final del parto, la hembra se tranquiliza, y en este momento hay que ofrecerle alimentos fácilmente digeribles, semilíquidos como copos de avena en caldo de carne, agua de arroz con carne picada cocida o leche con pan remojado.

> Informe a su veterinario del próximo parto y llámele inmediatamente cuando aparezcan complicaciones. Un criador experimentado también puede ser un buen "ayudante".

Retrasos
Se considera retraso cuando la gestación se prolonga más allá del 69º día, y generalmente se presenta en las hembras primerizas. En cualquier caso, lleve a la hembra al veterinario, el cual le aconsejará esperar o realizar una cesárea.

Contracciones débiles
La hembra ha expulsado el líquido amniótico pero usted no observa las contracciones (presión abdominal). Las causas pueden ser la edad avanzada, un déficit de calcio o el estrés psíquico de la hembra durante el parto. En cualquier caso, debe conseguir inmediatamente la ayuda de un veterinario para salvar la vida de los cachorros. No intente solucionarlo usted mismo, por ejemplo con inyecciones de hormonas.

Trastornos después del parto de uno o varios cachorros
Cuando el tiempo entre el nacimiento de dos cachorros es superior a dos horas, la hembra debe ser tratada con sumo cuidado. Las causas de esta prolongación del parto pueden ser el agotamiento de la hembra cuando hay muchos cachorros o el tamaño relativamente grande de los mismos, que no son capaces de pasar por la estrecha pelvis de la hembra. Si en este momento observa una secreción acuosa sanguinolenta de olor fétido, es el momento de avisar al veterinario. También debe valorarse críticamente el estado general de la hembra.

Trastornos en la fase postparto

Prolapso uterino
Debido a las fuertes contracciones puede producirse un prolapso uterino.

Síntomas: de la vulva asoma un bulto mucoso de color rojo o bien los dos cuernos del útero.

Tratamiento: cubrir las partes prolapsadas con un paño limpio y húmedo y llevar a la hembra inmediatamente al veterinario.

Flujo vaginal anormal
Las hemorragias importantes después del parto y el flujo acuoso de olor fétido son signos de alarma.

Causas: puede deberse a lesiones del canal del parto o a una infección.

Síntomas: se observa flujo vaginal anormal y fiebre. Dado que las toxinas también pueden pasar a la leche, los cachorros están intranquilos y emiten unos gritos característicos.

Tratamiento: es necesario el tratamiento inmediato por parte del veterinario. Cuando la hembra presenta un mal estado general los cachorros deben ser alimentados artificialmente.

Falta de leche de la hembra
Causas: mastitis, pero también enfermedades uterinas en el postparto o eclampsia.

Síntomas: los cachorros están intranquilos y no aumentan de peso. En condiciones normales el aumento de peso diario es del 10 %.

Tratamiento: realizar el tratamiento veterinario de la hembra dependiendo de la causa. En cualquier caso, los cachorros deberían tomar el calostro (primera leche después del parto), ya que contiene muchas sustancias defensivas que protegen a los cachorros de las infecciones. Si éste no es el caso, el veterinario deberá administrar inmunoglobulinas a la camada. Alimentar a los cachorros con biberones especiales y leche de sustitución para cachorros de 5 a 6 veces diarias durante las dos primeras semanas y más adelante 2 veces al día. A partir de la 3ª semana hay que acostumbrar a los cachorros a una alimentación

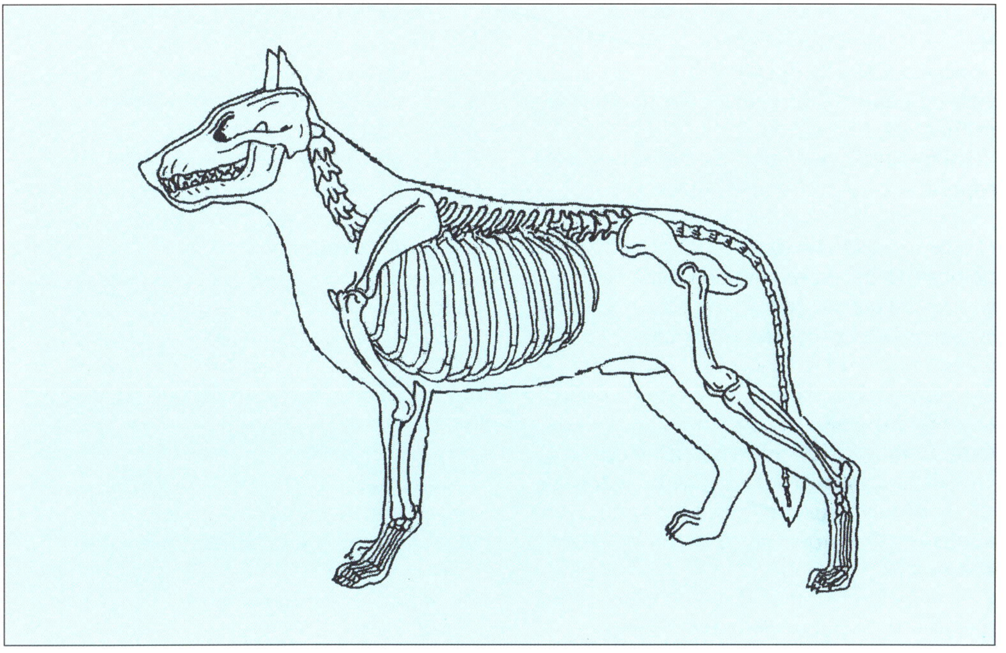

El esqueleto del perro.

complementaria, y al final de la 4ª semana de vida puede retirarse la alimentación por biberón.

Eclampsia

La eclampsia consiste en un trastorno metabólico en el equilibrio mineral de la hembra.

Causa: dado que la hembra en periodo de lactancia necesita gran cantidad de calcio para la producción de leche, especialmente en las hembras de razas pequeñas, de 2 a 5 semanas después del parto (raramente en el momento del parto) se produce una caída de los niveles sanguíneos de calcio.

Síntomas: al principio la hembra tiene un comportamiento nervioso, temblores y respiración acelerada. Más adelante su paso se vuelve rígido, no puede permanecer de pie y aparecen convulsiones, en algunas ocasiones con saliva espumosa.

Tratamiento: en este caso es necesaria la ayuda inmediata del veterinario. Después, según las instrucciones del veterinario, debe administrarse diariamente a la hembra calcio y vitamina D_3. En cualquier caso hay que alimentar suplementariamente a los cachorros, y en los casos graves deberá realizarse una alimentación artificial.

Enfermedades del aparato locomotor

El aparato locomotor está formado por huesos, articulaciones, músculos y tejido conjuntivo como tendones y ligamentos. Los huesos tienen una función de protección (p. ej. los huesos del cráneo protegen el cerebro) y de soporte (p. ej. los huesos de las extremidades). Los huesos rígidos están unidos entre sí a través de las articulaciones, y gracias a ellas es posible el movimiento.

Pero sólo una armónica combinación de músculos, articulaciones, ligamentos y tendones permite la realización sin alteraciones del movimiento. En el metabolismo, el sistema óseo desempeña un importante papel para el equilibrio mineral: es un verdadero almacén de calcio y fósforo.

Trastornos del crecimiento óseo (raquitismo, osteodistrofia fibrosa)

Generalmente se presentan en cachorros de razas grandes en la fase de mayor crecimiento entre los 5 y los 12 meses de vida.

Causa: hoy en día, el raquitismo, que aparece por un aporte insuficiente de vitamina D, calcio y fósforo, es poco frecuente, ya que gracias a la alimentación cárnica rica en fósforo y a la administración de vitaminas más bien se peca por exceso que por defecto. La osteodistrofia fibrosa se produce por un déficit de calcio, provocado por una alimentación exclusivamente a base de carne. Debido al elevado aporte de fósforo, las glándulas paratiroideas secretan la parathormona, que provoca la liberación del calcio a nivel óseo y la destrucción de las reservas de calcio.

Síntomas: al principio el perro joven no tiene deseos de moverse, y más adelante presenta cojera de las patas anteriores o posteriores. En las junturas de crecimiento de los huesos largos, especialmente en las articulaciones del metatarso, pueden observarse engrosamientos que al tocarlos provocan claras reacciones de dolor.

Si la enfermedad permanece sin tratamiento durante largo tiempo pueden aparecer deformidades de las extremidades (patas en X o en O); en el raquitismo también se producen deformidades de la columna vertebral (lomo hundido) e hipertrofias en los cartílagos costales (rosario raquítico).

Tratamiento: tratamiento veterinario inmediato tras el diagnóstico. Por favor, no experimente por sí mismo, ya que p. ej. un aumento del aporte vitamínico puede llegar a ser perjudicial. Es necesario reestructurar la dieta de acuerdo con los consejos del veterinario.

Trastornos en las zonas de crecimiento óseo

En los extremos de los huesos largos se encuentran las zonas de unión a las epífisis, en las que, durante la etapa de crecimiento, tiene lugar una verdadera formación y destrucción del crecimiento longitudinal. En primer lugar, el hueso es premodelado en forma de cartílago y, a continuación, es destruido nuevamente y reemplazado por tejido óseo. Pueden aparecer alteraciones por un cierre irregular de la zona de unión de la epífisis en un hueso o por un cierre precoz de una zona de unión de la epífisis en dos huesos largos unidos entre sí.

Trastornos de crecimiento de las extremidades anteriores

Causa: las osificaciones irregulares o precoces de los huesos del antebrazo (cúbito y radio) provocan la deformación de la parte baja del brazo y la formación de rugosidades en la articulación del codo.

Síntomas: las razas condrodistróficas (p. ej. Basset) o las razas grandes (p. ej. Dogos) resultan afectadas con frecuencia. A la edad de cuatro meses los animales empiezan a cojear, y a medida que la enfermedad avanza los pies se desvían hacia fuera.

Tratamiento: en estos casos el veterinario sólo puede ayudar mediante la cirugía.

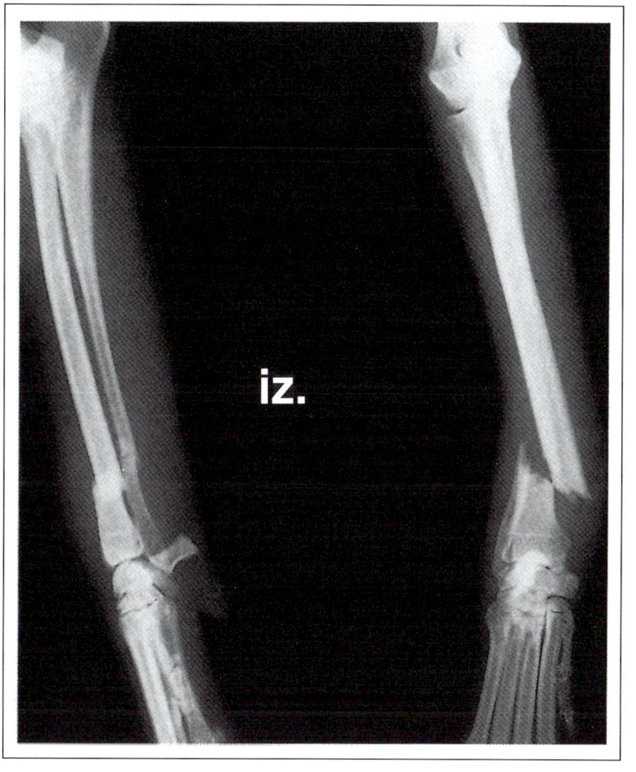

Incluso las fracturas complicadas, como ésta del antebrazo, pueden curarse mediante una intervención quirúrgica.

Trastornos del crecimiento de las extremidades posteriores

Causa: al igual que en el caso de las extremidades anteriores se produce un cierre irregular de las junturas de crecimiento en el extremo inferior de la tibia.

Síntomas: la enfermedad aparece sobre todo en el Teckel. A partir de los cuatro meses de edad, los animales presentan una progresiva malposición de las patas que adquieren la forma en O.

Tratamiento: en este caso una operación quirúrgica también es el único tratamiento posible para solucionar la malposición de las patas.

Trastornos en la osificación de protuberancias óseas

Durante el crecimiento se forman discos cartilaginosos no sólo en los extremos articulares de los huesos largos, sino que también lo hacen en determinadas apófisis óseas. Si estas porciones óseas no se unen con el correspondiente hueso sino que permanecen cartilaginosas, no pueden mantener la sobrecarga del movimiento y se sueltan. Esto ocurre especialmente en el processus anconaeus y en el processus coronoideus.

Causa: estos núcleos óseos en la superficie articular del cúbito en la articulación del codo no se osifican. El

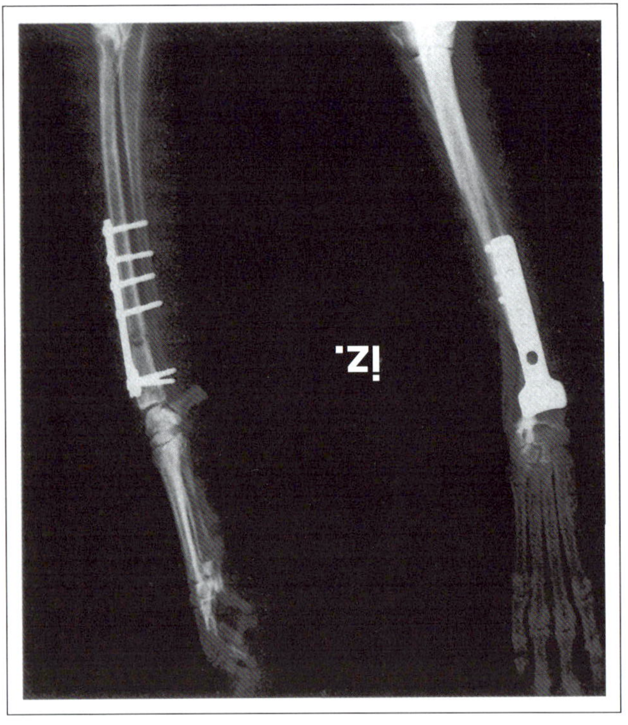

Esta fractura se trató mediante la implantación de las placas y tornillos adecuados.

trastorno aparece en razas de perros grandes desde aproximadamente los cuatro meses de edad.

Síntomas: una cojera crónica en las patas anteriores, que al principio sólo aparece después de una sobrecarga prolongada y que, posteriormente, se hace permanente.

Tratamiento: el veterinario realizará el tratamiento adecuado después de establecer el diagnóstico.

Fracturas óseas

Por norma general las fracturas óseas que sufren los perros son consecuencia de un accidente y se presentan junto a otras lesiones.

Causa: según haya sido la agresión, pueden producirse desde pequeñas fisuras hasta fracturas conminutas. Pero cuando existen otras enfermedades óseas, como p. ej. tumores óseos (véase pág. 111), una pequeña sobrecarga puede provocar fracturas espontáneas. Cuando fragmentos óseos irrumpen a través de la piel, se habla de una fractura abierta.

Síntomas: según el hueso fracturado, se produce una malposición y una cojera de la pata afectada. Si están afectadas las vértebras, se produce una verdadera parálisis por afectación de la médula espinal.

Tratamiento: hay que acudir inmediatamente al veterinario (para la forma de transportar al perro véase pág. 56), el cual, tras la realización de una radiografía, aplica el tratamiento adecuado.

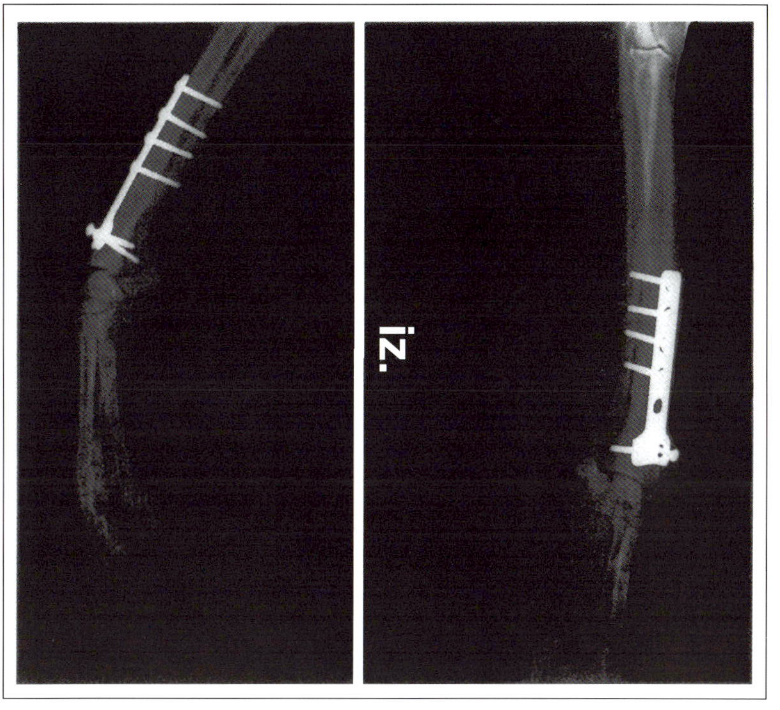

El hueso se ha consolidado y se pueden extraer la placa y los tornillos.

Osteítis

Una infección bacteriana puede provocar una inflamación del periostio y del tejido óseo.

Causa: fracturas óseas abiertas, heridas de bala o inflamaciones purulentas en la vecindad del hueso pueden provocar una osteítis.

Síntomas: en los perros enfermos se observan fuertes dolores combinados con cojera y fiebre y malestar general.

Tratamiento: debe realizarlo inmediatamente el veterinario y, en la mayoría de los casos, es prolongado y costoso.

Tumores óseos

La mayoría son tumoraciones malignas del hueso.

Causa: tumores malignos que generalmente aparecen en los huesos de las extremidades, especialmente en las razas grandes. Pero también pueden observarse metástasis de tumores pulmonares o prostáticos.

Síntomas: al inicio de la enfermedad, los perros presentan cojera después de una sobrecarga, que aumenta paulatinamente. En estadios avanzados se producen deformidades del hueso afectado y en los casos extremos fracturas espontáneas.

Tratamiento: en algunas ocasiones, cuando el diagnóstico es precoz, puede realizarse un tratamiento quirúrgico.

Enfermedades articulares

Las articulaciones están formadas por dos o más extremos óseos, cubiertos por cartílago articular. Entre los cartílagos articulares se encuentra la hendidura articular, que con su líquido sinovial hace posible un deslizamiento sin rozamiento de la articulación. Las articulaciones están rodeadas por la cápsula articular, reforzada por los ligamentos y tendones correspondientes.

Dislocación de las articulaciones (luxación)

Se produce un desplazamiento de los extremos óseos en la articulación.

Causa: generalmente se deben a accidentes o a trastornos congénitos del crecimiento óseo (véase articulación del codo, articulación de la rodilla y articulación de la cadera págs. 108, 114).

Síntomas: después de producirse traumatismo el perro presenta una cojera de aparición súbita con grandes muestras de dolor.

Tratamiento: es necesario el tratamiento inmediato por parte del veterinario, ya que cuanto antes se reduzca una luxación tanto mejor será el resultado final.

Inflamación articular (artritis) y degeneración articular (artrosis)

Una inflamación puede estar provocada por infecciones, pero también por errores posturales crónicos. Generalmente tiene como consecuencia una deformación de la articulación (artrosis).

Causa: los accidentes, los trastornos en el crecimiento óseo (véase pág. 108), la DC (véase pág. 114), la OCD (véase pág. 114) o la luxación rotular (véase pág. 114) provocan inflamación. Los accidentes como p. ej. las lesiones por mordedura tienen como consecuencia la aparición de una artritis purulenta debida a infecciones bacterianas. Si una inflamación persiste durante mucho tiempo se producirá como consecuencia una malposición de la articulación con desgaste del cartílago y destrucción ósea reactiva (artrosis).

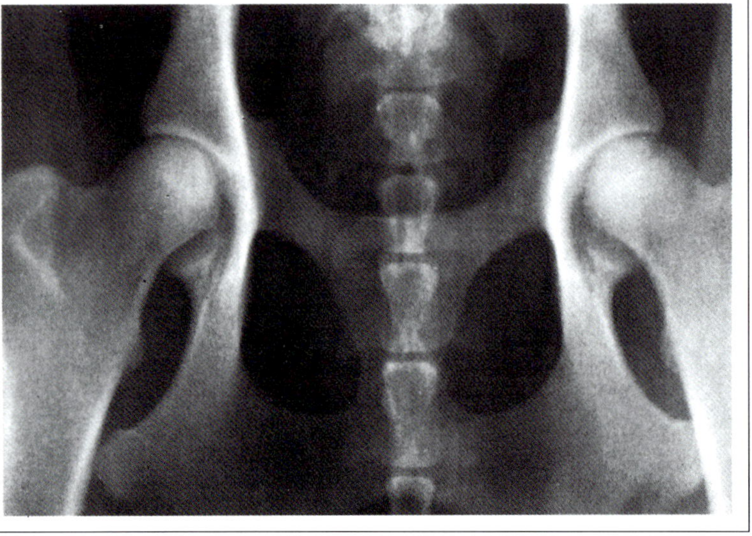

Articulación de la cadera normal.

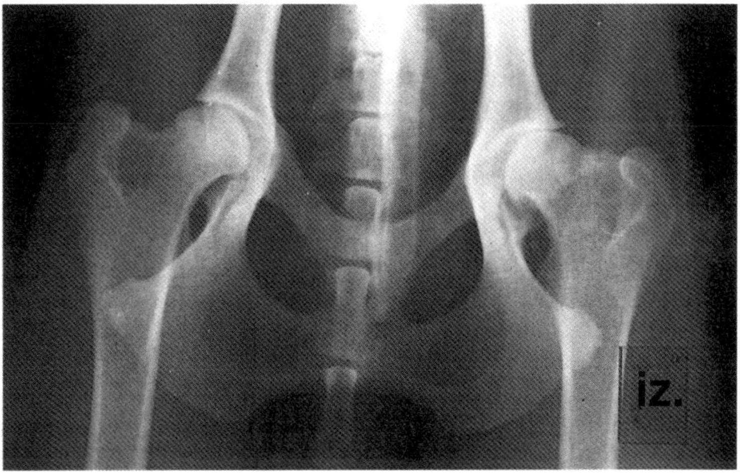

Displasia de la articulación de la cadera: DC media con evidente destrucción ósea a nivel de la cabeza del fémur y de la cavidad cotiloidea.

Síntomas: lo primero que llama la atención del propietario es la limitación de la capacidad de movimiento del perro. Cuando existe inflamación, la articulación puede estar engrosada y ser muy dolorosa. Si la enfermedad se prolonga durante largo tiempo, los músculos correspondientes se atrofian debido al error postural o al desuso de las extremidades.

Tratamiento: sólo puede realizarlo el veterinario después de establecer el diagnóstico. En el caso de la artrosis, con

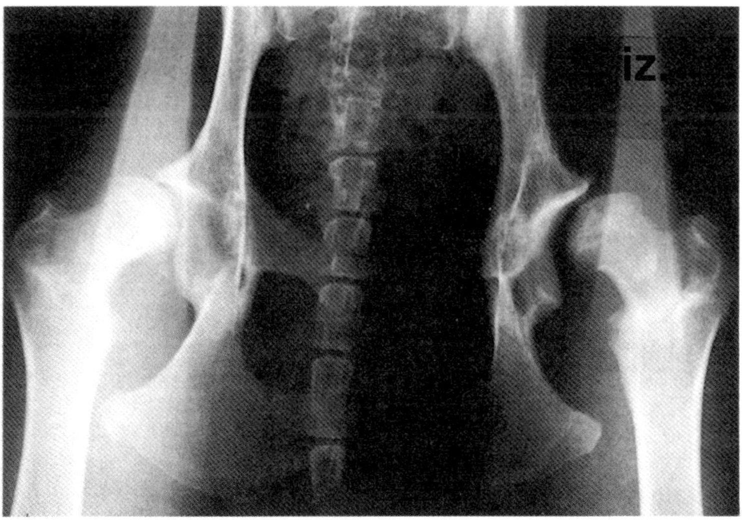

DC grave, en la cual la cabeza del fémur no se encuentra en la cavidad cotiloidea.

frecuencia, no es posible la curación, de forma que el propietario debe contribuir mediante las medidas de mantenimiento y alimentación adecuadas.

Osteocondritis disecante (OCD)

Se trata de un trastorno de crecimiento en el cartílago articular.

Causa: este trastorno provoca el arrancamiento parcial de trozos del cartílago articular, o éstos se desprenden totalmente del cartílago restante y flotan como cuerpos libres en la cavidad articular. La enfermedad puede aparecer en la articulación del hombro, del codo, de la rodilla o en la tibiotarsiana.

Síntomas: generalmente entre los 5 y los 10 meses se produce una cojera evidente de la pata correspondiente.

Tratamiento: debe realizarlo el veterinario practicando la intervención quirúrgica adecuada.

Displasia coxal (DC)

Se trata de una malformación de la articulación de la cadera donde la cabeza del fémur y la cavidad cotiloidea de la articulación de la cadera están colocadas de forma incorrecta.

Causa: es una enfermedad hereditaria, que aparece especialmente en razas de perros grandes.

Síntomas: según la afectación, los perros presentan cojera después de una sobrecarga, tienen dificultad para levantarse, el subir escaleras les provoca molestias y en casos graves aparece un paso vacilante de las patas traseras, la musculatura del muslo se atrofia y puede aparecer una luxación de la articulación de la cadera.

Tratamiento: debe realizarlo el veterinario y depende del grado de gravedad. Al año o año y medio de edad, los animales de cría deberían ser radiografiados bajo anestesia para poder determinar el grado de displasia coxal, y si estuvieran afectados no ser utilizados para la cría.

Necrosis de la cabeza del fémur (enfermedad de Calvé-Perthes)

Esta enfermedad aparece a los 5-10 meses en las razas enanas y en los Terrier.

Causa: enfermedad hereditaria, en la cual se deforma la cabeza del fémur por un proceso de necrosis de las células óseas. Como consecuencia se produce una artrosis en la articulación de la cadera.

Síntomas: en la mayoría de los casos, aparece una cojera unilateral en las patas posteriores. Si la enfermedad persiste durante largo tiempo se produce un acortamiento de la pata afectada.

Tratamiento: debe realizarlo el veterinario después de establecer el diagnóstico.

Luxación rotular (dislocación de la rótula)

Cuando se flexiona la articulación de la rodilla, la rótula no se mueve en el canal del fémur, sino que se disloca hacia la parte interna o hacia la externa.

Causa: enfermedad hereditaria que predomina en las razas enanas.

Síntomas: cuando la afectación es unilateral, el propietario observa un comportamiento singular cuando el perro anda: primero el perro anda normalmente, súbitamente levanta una de las patas posteriores, la estira, la vuelve a elevar, la vuelve a estirar, mientras sigue andando sobre tres patas. Después vuelve a apoyar la pata enferma y vuelve a andar normalmente. Si están afectadas ambas patas y no es capaz de volver a poner la rótula en el canal articular, el perro salta con las articulaciones de las rodillas flexionadas como un conejo.

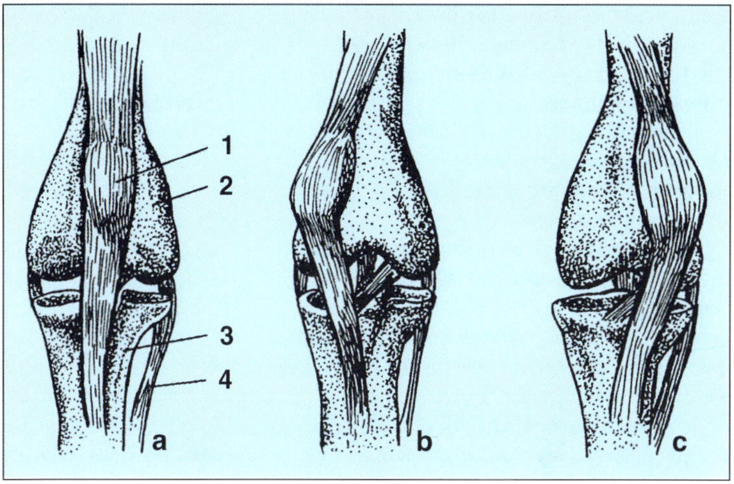

Luxación de la rótula:
a *posición normal de la rótula,*
b *luxación interna,*
c *luxación externa.*
(1 rótula, 2 fémur, 3 tibia, 4 peroné).

Tratamiento: según el grado de afectación, la única solución es una intervención quirúrgica.

Enfermedades de la columna vertebral

La columna vertebral está formada por 7 vértebras cervicales, 12-14 dorsales, 7 lumbares, 3 sacras y 20-23 caudales. Cada vértebra consta de un cuerpo y un orificio vertebral en el que se encuentra la médula espinal. Entre los cuerpos vertebrales hay discos intervertebrales, constituidos por un anillo fibroso y un núcleo gelatinoso. Sirven para amortiguar los golpes.

Hernia discal (discopatía)

Enfermedad frecuente en las razas condrodistróficas (p. ej. Teckel, Basset, Spaniel, Beagle, Pekinés).

Causa: o bien por un envejecimiento precoz, determinado por la raza, del anillo fibroso del disco intervertebral, o bien por un traumatismo se produce una rotura del mismo y una luxación del núcleo gelatinoso. Por esta causa, la médula espinal o las raíces nerviosas se ven comprimidas.

Síntomas: en las formas leves, el perro presenta un lomo tensionado, un paso rígido y se niega a subir escaleras. Cuando está afectada la zona cervical presenta un cuello estirado y tensionado y, eventualmente, cojera de las patas anteriores. La situación puede empeorar con el tiempo y provocar la parálisis de las patas posteriores o de las cuatro patas. En los casos graves, se llega a una parálisis súbita y el perro no puede defecar ni orinar.

Tratamiento: debe realizarlo el veterinario después de establecer el diagnóstico. En los casos leves, el propietario debe intentar que el perro esté lo más tranquilo posible. Está completamente prohibido subir escaleras, subir al sofá de un salto y andar sobre dos patas. En los casos graves, el único tratamiento posible es una operación quirúrgica.

Osificaciones de la columna vertebral

La osificación de la columna vertebral comporta un estrechamiento de las raíces nerviosas o de la médula espinal.

Causa: inflamación de las articulaciones vertebrales o de los ligamentos. Como consecuencia se produce una rigidez de la columna vertebral.

Síntomas: en primer lugar aparece una limitación de movimientos en los saltos; más adelante los movimientos bruscos pueden provocar muestras de dolor. En los casos avanzados se observa una debilidad de la pelvis o un arrastre de las uñas de las patas posteriores y una atrofia muscular. Los perros cargan el peso del cuerpo hacia delante, y la pelvis es colocada debajo del cuerpo.

Tratamiento: debe realizarlo el veterinario después de establecer el diagnóstico. Las enfermedades localizadas entre las vértebras lumbares y sacras pueden curarse en algunas ocasiones mediante una intervención quirúrgica.

Enfermedades de la musculatura

La musculatura esquelética está formada por fibras musculares que tienen la capacidad de contraerse y relajarse. Con el fin de que el movimiento tenga lugar sin alteraciones, por una parte es necesario un impulso nervioso y por otra una cantidad suficiente de energía y calcio.

Disminución de la masa muscular (atrofia muscular)

Causa: aparece como consecuencia de artrosis, fracturas, parálisis nerviosa, etc.

Síntomas: dependen del músculo afectado y llevan a cojera, incapacidad para levantarse o problemas para comer cuando se halla afectada la musculatura masticatoria.

Tratamiento: depende de la causa. El propietario puede prestar su ayuda

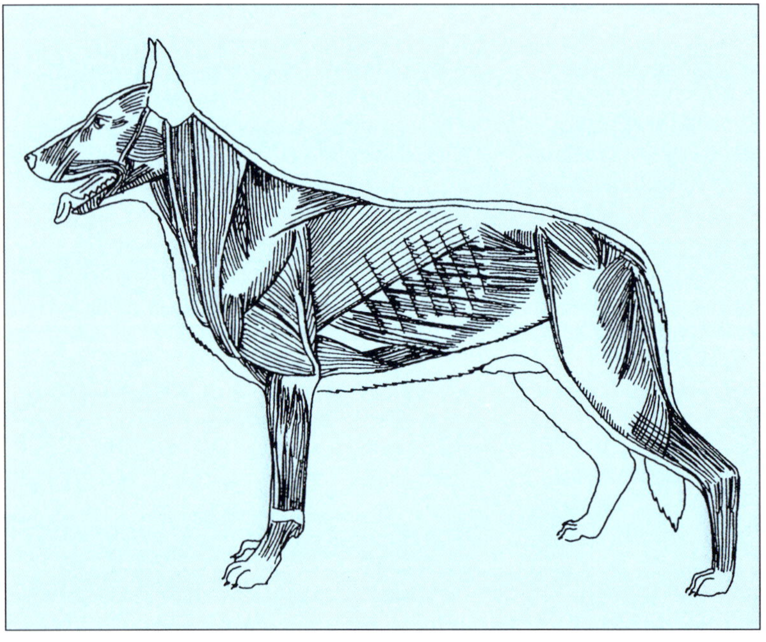

La musculatura del perro.

mediante ejercicios de gimnasia, masajes o natación, según las indicaciones del veterinario.

Miositis eosinofílica

Afecta principalmente a la musculatura masticatoria y aparece especialmente en los Pastores alemanes.

Causa: en los casos agudos aparece una hinchazón de la musculatura masticatoria, y en los casos crónicos una atrofia.

Síntomas: los animales tienen intensos dolores al comer o rechazan completamente el alimento. El abrir la boca es especialmente doloroso.

Tratamiento: debe realizarlo el veterinario.

Miastenia gravis (debilidad muscular grave)

Se trata de un trastorno de la transmisión del impulso del nervio al músculo.

Causa: debido al trastorno de la transmisión aparece una debilidad muscular generalizada. La enfermedad tiene una incidencia familiar.

Síntomas: los perros se cansan rápidamente al realizar esfuerzos normales. Se quedan de pie o se echan, presentan temblores musculares o, más adelante, síntomas de parálisis. Con frecuencia también aparecen problemas en el momento de tragar los alimentos.

Tratamiento: debe realizarlo el veterinario después de establecer el diagnóstico.

Enfermedades del sistema nervioso

El sistema nervioso está formado por una porción central, el cerebro y la médula espinal, y una porción periférica: troncos cerebrales, así como los nervios que parten de la médula espinal e inervan la musculatura y la piel. Además, los órganos internos son inervados por el sistema nervioso vegetativo (simpático y parasimpático).

Conmoción cerebral

Debido a traumatismos se producen lesiones cerebrales.

Causa: con frecuencia está causada por accidentes de tráfico o derrames. Como consecuencia pueden aparecer hemorragias cerebrales o hematomas, que provocan trastornos de la circulación del líquido cefalorraquídeo.

Síntomas: en los casos leves se produce aturdimiento, vómitos y reacciones de dolor al mover la cabeza. En los casos graves se producen síntomas de shock (véase pág. 55) como pérdida de conocimiento, la respiración se hace irregular y disminución de la temperatura corporal.

Tratamiento: el tratamiento inmediato por parte del veterinario puede salvar la vida del perro. Como secuelas pueden aparecer ataques epilépticos.

Epilepsia

Es una combinación de trastornos de la percepción, del comportamiento y musculares.

Causa: puede aparecer de manera concomitante a una conmoción cerebral, tumores cerebrales, encefalitis o intoxicaciones, aunque también puede ser congénita o hereditaria.

Síntomas: al principio pueden aparecer trastornos del comportamiento como cazar moscas aunque no haya ninguna mosca en los alrededores, gritar súbitamente o salir corriendo sin que haya ningún motivo aparente para hacerlo. En la verdadera crisis el perro se desploma y presenta convulsiones con movimientos de remo. Debido a las convulsiones de la musculatura de la masticación se produce espuma en la boca, y con frecuencia hay eliminación de heces y orina. Tras el ataque, los perros yacen agotados en decúbito lateral, y no tardan en levantarse. Durante las crisis convulsivas los animales no atienden a nuestras palabras.

Tratamiento: como propietarios debemos preocuparnos de que el animal no se hiera durante el ataque. Debe usted anotar exactamente la duración de los ataques y el intervalo entre ellos, de forma que el veterinario pueda suprimirlos con el medicamento adecuado. En los casos en los que existe una enfermedad de base, hay que realizar el tratamiento de la misma.

Encefalitis y mielitis

Causa: las infecciones víricas como el moquillo, la rabia, enfermedad de Aujeszky, el virus del herpes (véanse págs. 127 y 128), las infecciones bacterianas como el estafilococo, la salmonela, la borreliosis (véase pág. 129), así como parásitos como el toxoplasma, las amebas, o los ascárides y también las intoxicaciones por plomo, talio, estricnina, organofosfatos y mercurio pueden provocar inflamación.

Síntomas: el cuadro sintomático varía de forma importante, dependiendo de la porción alterada del sistema nervioso. En la mayoría de los casos, la inflamación está acompañada de fiebre, comportamiento apático, ataques convulsivos o parálisis. La enfermedad evoluciona rápidamente y en muchos casos provoca la muerte.

Tratamiento: es necesario un tratamiento inmediato por parte del veterinario.

Enfermedades de los órganos sensoriales

Ojos

El ojo está situado en la cavidad ósea del cráneo, la órbita. Una capa de tejido graso hace de cojín entre el globo ocular y el hueso, y en su parte externa está protegido por los párpados superior e inferior, así como por el tercer párpado (membrana nictitante). Mediante la secreción de las glándulas lagrimales se mantiene húmeda la córnea.

El ojo está compuesto por la cámara anterior y la cámara posterior, las cuales están separadas por el iris y la pupila. En la cámara posterior del ojo se encuentra el cuerpo vítreo que mantiene presionada la retina contra la coroides. La cobertura más externa es la esclerótica, en la parte posterior del ojo, y la córnea transparente, en la parte anterior del ojo.

Entropión y ectropión

Causa: posiciones palpebrales incorrectas congénitas; el entropión es frecuente en el Drahthaar alemán, el Chow chow, el Rottweiler, el Bull terrier y el Shar pei. El ectropión afecta sobre todo al Cocker, al San Bernardo, al Dogo y al Terranova.

Síntomas: los perros tienen un aumento de la secreción lagrimal y se frotan los ojos. En el entropión, el roce de las pestañas sobre la córnea puede provocar turbiedades y llegar a la formación de úlceras. En el ectropión, la conjuntiva palpebral está expuesta y presenta inflamación crónica y enrojecimiento.

Tratamiento: en ambos casos es necesaria una cirugía plástica.

Conjuntivitis

La conjuntiva cubre las zonas de los párpados superior e inferior en contacto directo con el ojo, así como bilateralmente el 3er párpado, y rodea la parte posterior del globo ocular.

Causa: ectropión, entropión, mala posición de las pestañas, corriente por tener la ventanilla del coche abierta, arena, polvo, polen, vapores y también infecciones bacterianas.

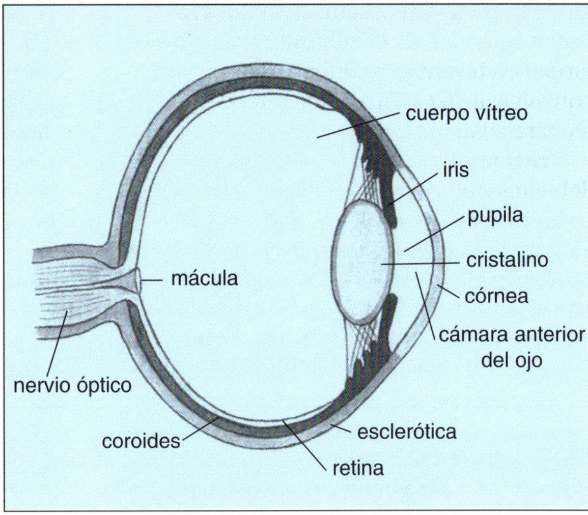

Corte longitudinal esquemático del ojo del perro.

Síntomas: la conjuntiva está hinchada y muy enrojecida. Los perros presentan lagrimeo y, posteriormente, la secreción se vuelve mucosa o purulenta. En los casos crónicos, por la mañana al despertar la hendidura palpebral puede estar pegada. En estos casos pueden formarse pequeñas vesículas en el 3er párpado, que por su parte irritan la córnea con cada parpadeo.

Tratamiento: en los casos leves puede ser suficiente un tratamiento con gotas o pomadas oculares. Simultáneamente debería tratarse la enfermedad de base.

Queratitis

La córnea es transparente y permite la visión sobre la pupila.

Causa: cualquier conjuntivitis persistente puede afectar a la córnea. El ectropión, la mala posición de las pestañas, los cuerpos extraños como espinas, los fragmentos de vidrio, los trozos de plantas, los arañazos producidos por gatos o las infecciones pueden ser la causa.

Síntomas: el perro mantiene el ojo cerrado, o la hendidura palpebral es más pequeña que la del ojo sano. Se observa lagrimeo y una alteración de la conjuntiva. En caso de que el perro permita al propietario que le mire el ojo, éste verá un velo blanco sobre la córnea. En los casos crónicos, pueden observarse también capas profundas de la córnea, de forma que se

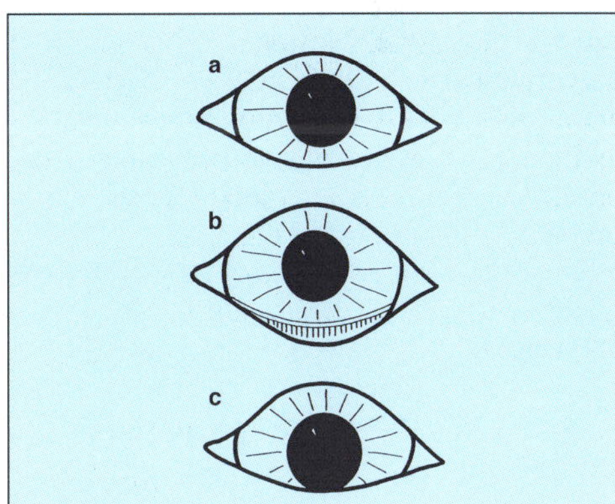

Posición de los párpados:
a *ojo sano,* b *ectropión (párpado inferior hacia fuera),* c *entropión (párpado inferior hacia dentro).*

forma una ulceración. Si no recibe tratamiento, la ulceración puede producir un agujero en la córnea y un derrame ocular.

Tratamiento: es necesario el tratamiento consecuente para que la inflamación no penetre en el interior del ojo. Cuando la lesión o la ulceración es profunda es necesaria la cirugía.

Catarata gris (cataratas)

Causa: en algunas razas como p. ej. el Teckel, el Retriever, el Schnauzer y el Terrier, este enturbiamiento del cristalino es congénito. Pero también puede aparecer como consecuencia de otras enfermedades oculares hereditarias como la APR (atrofia progresiva de la retina) en el Caniche o como consecuencia de la diabetes, así como síntoma de envejecimiento en los perros viejos.

Síntomas: el propietario observa un enturbiamiento lechoso en el centro de la pupila por la noche, cuando ésta está dilatada. En los casos avanzados, la pupila se mantiene dilatada aunque incida sobre ella la luz. Cuando están afectados los dos ojos, el perro va perdiendo paulatinamente su capacidad de visión. Generalmente, primero el perro se mueve más cuidadosamente cuando se encuentra en un ambiente desconocido y utiliza cada vez más el olfato para orientarse. Cuando existe una ceguera completa el perro choca con los muebles o, durante el paseo, no corre libremente.

Tratamiento: cuando se trata de cataratas congénitas o por envejecimiento puede realizarse una intervención quirúrgica. Cuando la causa es la diabetes debe tratarse ésta (véase pág. 124).

Catarata verde (glaucoma)

Causa: se trata de un aumento de la presión interna del ojo, debida a trastornos del flujo entre la cámara anterior y posterior del ojo. Puede aparecer de forma súbita o como consecuencia de otras enfermedades oculares.

Las posiciones palpebrales incorrectas provocan conjuntivitis.

Síntomas: el perro intenta rascarse el ojo y rehuye la luz. La pupila está dilatada y rígida, de forma que el fondo del ojo (retina) parece verde. En comparación con el ojo sano, el ojo afectado está aumentado de tamaño y sobrepasa la órbita. El perro tiene evidentes dolores y con frecuencia no permite al propietario que le examine el globo ocular.

Tratamiento: la enfermedad necesita tratamiento urgente con el fin de que el perro no pierda visión.

Prolapso del globo ocular

Enfermedad causada por accidentes, que aparece con más frecuencia en razas de hocico corto.

Causa: los accidentes de tráfico, los mordiscos o el ser asido rudamente por el pelaje de la nuca en las razas de hocico corto pueden provocar la aparición del prolapso del globo ocular desde la órbita.

Síntomas: el globo ocular está tan salido de la órbita que los párpados no pueden cerrarse. La esclerótica, normalmente blanca, está roja y el perro tiene fuertes dolores o intenta rascarse el ojo.

Tratamiento: acudir inmediatamente al veterinario. Durante el camino hasta la consulta cubrir el ojo con una compresa húmeda estéril. Una operación inmediata puede salvar el ojo.

Enfermedades de la retina

La retina toma los estímulos luminosos y los envía al cerebro a través del nervio óptico.

Causa: las lesiones de la retina pueden estar provocadas por inflamaciones, traumatismos oculares o por enfermedades hereditarias, como la atrofia progresiva de la retina (APR), en la que porciones de la retina se atrofian.

Síntomas: en la APR, el propietario detecta un comportamiento inseguro del perro, al principio en la oscuridad.

Cuando la enfermedad progresa, la visión diurna también resulta afectada, y finalmente el perro queda completamente ciego. La enfermedad evoluciona solapadamente durante años y tiene como consecuencia la catarata gris (véase pág. 120). En las enfermedades de la retina por otras causas, la ceguera aparece súbitamente y el propietario observa una pupila dilatada.

Tratamiento: desgraciadamente, la APR no tiene tratamiento y los perros afectados deben ser excluidos de la cría. En otras enfermedades de la retina, el tratamiento inmediato por parte del veterinario puede preservar la visión del perro.

Oídos

El oído está formado por el pabellón auditivo y el conducto auditivo externo, medio e interno. En el conducto auditivo externo existen muchas glándulas sebáceas, que producen el cerumen. Está separado del oído medio por el tímpano. En el oído medio se encuentran los huesecillos auditivos que transmiten las ondas a las células sensoriales del oído interno, con lo que hacen posible la audición. En el oído interno, las células sensoriales transmiten el estímulo hasta el cerebro a través del nervio auditivo. El sentido del equilibrio también está situado en el oído interno.

Otohematoma

Es una acumulación de sangre situada entre el cartílago auricular y la piel externa.

Causa: por agitar o rascar fuertemente el pabellón auditivo se produce un desgarramiento de los vasos sanguíneos y un derrame sanguíneo.

Síntomas: el pabellón auditivo está hinchado y el perro mantiene la cabeza inclinada. Sólo agita la cabeza con mucho cuidado, o cuando intenta rascarse da muestras de dolor.

La veterinaria explora el conducto auditivo con un instrumento especial.

Tratamiento: los otohematomas pequeños pueden curar con reposo y pomadas. Sin embargo, en la mayoría de los casos es necesaria una intervención quirúrgica realizada por el veterinario. En todo caso, el propietario debe vigilar que el perro no agite la cabeza o se rasque sobre el vendaje.

Inflamación del conducto auditivo externo (otitis externa)

Los perros con conductos auditivos estrechos, con abundante pelaje y los perros con orejas caídas se ven afectados con frecuencia.

Causa: cuerpos extraños como raspas, polvo, arena, tumores cutáneos e infecciones por especies de ácaros, bacterias u hongos.

Síntomas: al principio el perro agita la cabeza con mayor frecuencia de la habitual y se rasca las orejas con las patas. En el pabellón auditivo se encuentra más cerumen del habitual. Cuando la enfermedad persiste durante largo tiempo, se intensifica el prurito y al rascarse los perros manifiestan dolor. Según la causa, la secreción del conducto auditivo puede ser grumosa y de color marrón o purulenta y amarilla. Ante alteraciones unilaterales de aparición brusca que hacen que el perro mantenga la cabeza inclinada, hay que sospechar siempre de la posible presencia de un cuerpo extraño en el conducto auditivo.

Tratamiento: si a pesar de realizar un cuidado regular del oído (véase pág. 12) aparecen inflamaciones, el veterinario deberá buscar la causa y realizar el tratamiento correspondiente. Las inflamaciones necesitan un tratamiento largo, y en algunas ocasiones incluso es necesaria una intervención quirúrgica para solucionarlas.

Inflamaciones del oído medio e interno (otitis interna)

En estas enfermedades se altera tanto el sentido del oído como el sentido del equilibrio.

Causa: infecciones del conducto auditivo externo, que alteran el tímpano y que pasan al oído medio y al interno.

Síntomas: cuando existe una inflamación del oído medio, el perro mantiene la cabeza ladeada y manifiesta dolor cuando se toca el fondo del oído. La secreción del oído es amarilla o incluso roja cuando hay hemorragia. En algunas ocasiones los perros presentan fiebre. Cuando existe inflamación del oído interno, debido a la alteración del sentido del equilibrio el perro cae de lado cuando agita la cabeza o se rasca las orejas. Mantiene la cabeza ladeada y, al andar, el perro tiene un paso bamboleante y con las patas separadas. En casos graves aparecen movimientos forzados como andar en círculos o el perro no es capaz de orientarse.

Tratamiento: es necesario que el veterinario aplique el tratamiento inmediatamente. En la otitis interna, puede quedar como secuela una posición ladeada de la cabeza.

Enfermedades de las glándulas endocrinas

Las hormonas son sustancias fabricadas en las glándulas y que alcanzan el órgano diana a través de la sangre.

Glándula tiroides

La tiroides se encuentra situada lateralmente respecto a la tráquea y por debajo de la laringe.

Hipofunción de la glándula tiroides

Causa: con frecuencia es de causa desconocida. Sin embargo, el déficit de yodo puede provocar la formación de bocio pero, al contrario que en el hombre, no tiene como consecuencia una disminución de la producción hormonal.

Síntomas: los perros están tranquilos, duermen mucho y aumentan de peso. Tienen caída del pelo y oscurecimiento de la piel en estas zonas (véase pág. 63).

Tratamiento: debe realizarlo el veterinario una vez establecido el diagnóstico, mediante la administración de hormonas tiroideas en forma de comprimidos.

Hiperfunción de la glándula tiroides

Causa: en la mayoría de los casos, la causa de la enfermedad son los tumores.

Síntomas: a pesar de comer bien los perros pierden peso. Están intranquilos, jadean fuertemente y tienen diarrea con frecuencia. No todos los tumores provocan un aumento de tamaño de la glándula tiroides. Sin embargo, si éste es el caso, se observa una hinchazón en el cuello, por debajo de la laringe.

Tratamiento: extirpación del tumor por parte del veterinario.

Páncreas

En el páncreas no se fabrican sólo enzimas digestivos (véase pág. 94), sino también hormonas que regulan el nivel de azúcar en la sangre. La insulina lo disminuye y la segunda hormona, el glucagón, lo aumenta.

Diabetes mellitus

Causa: esta enfermedad está provocada por un déficit o una alteración de la insulina que reduce la acción de la misma. Resultan afectados especialmente los perros viejos y obesos. En las hembras, la enfermedad también puede aparecer en relación al celo.

Síntomas: los perros beben y orinan mucho. A pesar de comer mucho pierden peso. Más adelante pueden aparecer vómitos y agotamiento. En los ojos aparece rápidamente un enturbiamiento del cristalino (véase pág. 120).

Tratamiento: en los casos leves, puede ser útil una dieta pobre en hidratos de carbono (véase pág. 23). De otra manera, debe inyectarse insulina al perro siguiendo las indicaciones del veterinario. El propietario debe vigilar que las comidas sean regulares, y cada mañana debe comprobar los niveles de azúcar en la orina mediante unas tiras de test.

Glándulas suprarrenales

Las glándulas suprarrenales son unos pequeños órganos en forma de habichuela situados detrás de los riñones. En ellas se producen hormonas para la regulación del equilibrio hídrico del organismo, hormonas sexuales y cortisona, la cual influye sobre el metabolismo del azúcar, los lípidos y las proteínas. La producción de hormonas es controlada por una hormona hipofisaria.

Hiperfunción de las glándulas suprarrenales (síndrome de Cushing)

Causa: la enfermedad puede estar provocada por tumores de las glándulas suprarrenales o de la hipófisis, o por administración prolongada de cortisona.

Síntomas: lo primero que nota el propietario es el aumento anormal del apetito y de la ingestión de agua. En estadios avanzados, los perros pierden el pelo del tronco, mientras que las patas y la cabeza conservan el pelo. La piel es fina y con frecuencia se oscurece. Los animales tienen mucho apetito y beben mucho. El tronco del perro toma una forma de tonel y los músculos se atrofian, de forma que el perro está cansado y apático. Además los animales afectados son especialmente susceptibles a las enfermedades infecciosas.

Tratamiento: sólo puede realizarlo el veterinario tras establecer con exactitud el diagnóstico, y consiste en la extracción quirúrgica del tumor y quimioterapia.

Enfermedades de la sangre y de los órganos hematopoyéticos

La sangre está compuesta por su parte líquida, el suero, y su parte sólida, las células sanguíneas. La cantidad total de sangre es aproximadamente una doceava parte del peso corporal. Entre las células sanguíneas se distinguen varios tipos: los glóbulos rojos (eritrocitos) que contienen el pigmento sanguíneo (hemoglobina) y son responsables del transporte del oxígeno en la sangre. Los glóbulos blancos (leucocitos) tienen una función de defensa frente a las infecciones y producen anticuerpos. El tercer tipo de células sanguíneas, las plaquetas (trombocitos), desempeñan un importante papel en los procesos de coagulación sanguínea. Las células de la sangre se producen principalmente en la médula ósea, y se almacenan en el hígado, el bazo y los ganglios linfáticos.

Hemofilia

La sangre es incapaz de coagularse por las vías normales.

Causa: está producida por un déficit congénito de determinados factores de la coagulación, que aparece principalmente en los machos.

Síntomas: aparecen hemorragias incluso ante pequeñas lesiones. Contusiones mínimas provocan la aparición de grandes hematomas en la hipodermis y en las articulaciones. Éstas se hinchan mucho y presentan dolor con el movimiento. Aparecen hemorragias nasales y gingivales espontáneas, y p. ej. los ataques de parásitos intestinales provocan diarrea con hemorragia.

Tratamiento: debe realizarlo el veterinario. Estos animales no tienen una larga esperanza de vida, de forma que los portadores deben excluirse de la cría.

Anemia

Así se denomina la disminución de los glóbulos rojos y de la hemoglobina.

Causa: hemorragias agudas por lesiones de vasos sanguíneos acompañadas de grandes hemorragias externas o internas, pero también hemorragias crónicas relativamente escasas como ocurre en caso de úlcera gástrica (véase pág. 83) o ataque parasitario (véase pág. 87).

También puede estar causada por reposición insuficiente de glóbulos rojos debido a enfermedades renales o hepáticas (véanse págs. 93, 95) o por un aumento de la destrucción de hematíes por parásitos (véase pág. 87), bacterias o sustancias tóxicas (véase pág. 130).

Síntomas: según la causa, la evolución de la enfermedad puede ser fulminante o lenta y solapada. Los perros se cansan fácilmente y se acelera la respiración y el pulso. Las mucosas están pálidas, y cuando la enfermedad evoluciona toman una coloración como de porcelana; en los estadios terminales los perros tienen síntomas de shock (véase pág. 55) como paso vacilante, patas frías y pérdida del conocimiento.

Tratamiento: depende de la causa y debe ser realizado por el veterinario, en caso necesario tras las medidas de primeros auxilios (véase pág. 53).

Leucosis

Es una enfermedad de los tejidos hematopoyéticos.

Causa: está producida por un aumento de los glóbulos blancos, que colonizan el cuerpo y que pueden llevar a la formación de tumores cutáneos, de los ganglios linfáticos e incluso de órganos internos como el hígado, el bazo, los riñones o el intestino.

Síntomas: dependen del órgano afectado. Si se afectan los ganglios linfáticos externos, encontramos engrosamientos nodulares en la laringe, en la axila o en el hueco poplíteo. Cuando la enfermedad evoluciona aparece debilidad y adelgazamiento. Si resultan afectados órganos internos o sus ganglios linfáticos, los perros presentan dificultad respiratoria, tos o una diarrea incontrolable, que en ocasiones también va acompañada de vómitos.

Tratamiento: debe realizarlo el veterinario y sólo es posible en los primeros estadios.

Tumores del bazo

El bazo es un órgano en forma de lengua que se encuentra en el lado izquierdo de la cavidad abdominal cerca del estómago. Es importante para la defensa frente a infecciones y como almacén de células sanguíneas.

Causa: los tumores se forman a partir de excrecencias benignas o malignas de los vasos sanguíneos del bazo o en el contexto de una leucosis por crecimiento de los glóbulos blancos sanguíneos.

Síntomas: los perros se cansan fácilmente, presentan disminución del apetito y a pesar de la reducida ingesta se observa un aumento del volumen abdominal. La consistencia esponjosa del tumor provoca frecuentes desgarros tisulares, que tienen como consecuencia importantes hemorragias en la cavidad abdominal. En estos casos el perro presenta todos los signos de shock (véase pág. 55) con palidez de mucosas, mal estado general y pérdida del conocimiento.

Tratamiento: el veterinario debe realizar inmediatamente una intervención quirúrgica. Cuando se trata de tumores malignos cabe esperar la existencia de metástasis hepáticas.

Enfermedad vermicular cardíaca

Causa: el nematodo *Dirofilaria immitis* que es transmitido por un mosquito chupador de sangre. Los gusanos maduros sexualmente viven en el ventrículo derecho y la arteria pulmonar mayor. Las larvas son liberadas a la sangre, son captadas por el mosquito cuando éste pica, y son transmitidas a otros perros.

Síntomas: los perros están débiles, tienen tos y en casos avanzados presentan disnea.

Tratamiento: debe realizarlo el veterinario con los medicamentos adecuados. Como prevención el perro debería llevar siempre un collar antiparasitario cuando sale al exterior.

Babesiosis

Causa: un parásito unicelular *(Babesia canis)*, que se transmite por la picadura de garrapatas y que se multiplica dentro de los glóbulos rojos.

Síntomas: los perros están cansados, presentan fiebre de más de 40 °C y tienen poco apetito. Al principio las mucosas son claras y después se tiñen de amarillo, y presentan los síntomas de una inflamación hepática con ictericia (véase pág. 94).

Tratamiento: lo realiza el veterinario con los medicamentos adecuados. En cualquier caso, se recomienda una profilaxis adecuada contra las garrapatas.

Leishmaniosis

Causa: un organismo unicelular *(Leishmania donovani)*, transmitido por mosquitos de la arena chupadores de sangre. Se multiplica en las células defensivas del hígado, el bazo, los ganglios linfáticos y la médula ósea.

Síntomas: los perros tienen fiebre, adelgazan y presentan ganglios linfáticos hinchados. La enfermedad puede quedar limitada a la piel o afectar a órganos internos y provocar diarrea y anemia.

Tratamiento: el tratamiento sólo puede intentarse con medicamentos que también presentan importantes efectos secundarios. Cuando se sale al exterior es imprescindible la profilaxis con insecticidas.

CAPÍTULO 6

Enfermedades infecciosas

Estas enfermedades son causadas por microorganismos (virus, bacterias, hongos, organismos unicelulares), que entran en el organismo y se multiplican en su interior. El tiempo que transcurre desde la entrada del agente infeccioso en el organismo hasta la aparición de la enfermedad se conoce como periodo de incubación. Este periodo varía según el tipo de agente y según la capacidad defensiva del organismo.

La enfermedad puede estar causada por un solo microorganismo o, como en el caso de la tos de las perreras (véase pág. 128), por varios agentes. Los agentes infecciosos pueden entrar en el organismo a través de los órganos respiratorios y digestivos, a través de lesiones cutáneas o a través de insectos chupadores de sangre ("puertas de entrada"). Es importante conocer las "puertas de salida", es decir, las vías por las que el agente abandona el organismo, para evitar el contagio de la enfermedad a otros animales.

Los microorganismos son eliminados a través de las heces, la orina, la saliva, las secreciones nasales, las lágrimas, las secreciones uterinas o la secreción purulenta de heridas, o incluso son transmitidos al feto a través de la placenta. Generalmente, las enfermedades infecciosas están acompañadas de fiebre.

Moquillo

Causa: el *Paramyxovirus*, el cual es transmitido a través de las heces, la orina, las secreciones nasales y oculares y la saliva.

Síntomas: periodo de incubación 3-7 días; pueden resultar afectadas las vías respiratorias con inflamación de la mucosa nasal (véase pág. 75) y neumonía (véase pág. 76), los órganos digestivos con gastritis (véase pág. 83) y enteritis (véase pág. 85), y el sistema nervioso central con encefalitis y mielitis (véase pág. 118).

Tratamiento: profilaxis mediante la vacunación regular.

Rabia

Causa: rhabdovirus, el cual es transmitido a través de la saliva en las lesiones por mordedura.

Síntomas: de 2 semanas a varios meses; al principio aparecen trastornos del comportamiento, aumento de la salivación y molestias al tragar. Más adelante aparecen convulsiones y parálisis debidas a la encefalitis y la mielitis (véase pág. 118).

Tratamiento: sólo la vacunación profiláctica; no existe tratamiento.

Hepatitis contagiosa canis

Causa: el adenovirus canino, el cual es transmitido a través de todas las secreciones, las heces y la orina.

Síntomas: periodo de incubación 2-5 días; muerte súbita en cachorros y hepatitis en los perros adultos (véase pág. 93).

Tratamiento: profilaxis mediante la vacunación regular.

Parvovirosis

Causa: el parvovirus canino, el cual es transmitido a través de las heces.

Síntomas: periodo de incubación 4-10 días; especialmente en los perros jóvenes provoca miocarditis (véase pág. 73) y gastroenteritis hemorrágica (véase pág. 83).

Tratamiento: profilaxis mediante la vacunación regular.

Pseudorrabia (enfermedad de Aujeszky)

Causa: *Herpesvirus suis*, el cual se transmite por la ingestión de carne de cerdo cruda.

Síntomas: periodo de incubación 2-9 días; trastornos al tragar, saliva espumosa y prurito muy intenso. Más adelante aparecen convulsiones y parálisis debidas a la encefalitis y a la mielitis (véase pág. 118).

Tratamiento: desgraciadamente no existe tratamiento.

Infección por herpes

Causa: el herpesvirus canino, el cual es transmitido al feto por la hembra y a los perros adultos a través de la saliva y las secreciones nasales y vaginales.

Síntomas: periodo de incubación 3-8 días; los cachorros mueren en la primera semana de vida. Los perros presentan vómitos con importantes dolores abdominales y pueden presentar una encefalomielitis (véase pág. 118). Los perros viejos sólo presentan una ligera secreción nasal o no presentan síntomas patológicos, pero son portadores del virus.

Tratamiento: no existe; los perros afectados deben ser excluidos de la cría.

Tos de las perreras

Causa: la tos de las perreras es una infección combinada causada por virus *(Adenovirus, Parainfluenzavirus, Influenzavirus)* y bacterias *(Bordetella, Klebsiella, Pseudomonas)*, la cual se transmite de perro a perro a través de las gotas de la respiración. Generalmente, el contagio tiene lugar en exposiciones caninas, en lugares concurridos por perros, en residencias de animales y en otros lugares donde coincida un gran número de perros.

Síntomas: el periodo de incubación es de dos o más días. Al principio de la enfermedad el perro sólo presenta tos que puede evolucionar hasta una neumonía (véase pág. 76) con fiebre elevada.

Tratamiento: existe la vacunación profiláctica. Cuando aparece la enfermedad, el veterinario prescribe un tratamiento, tratando las bacterias a base de antibióticos.

Enfermedad de Stuttgart (leptospirosis)

Causa: leptospiras (bacterias), las cuales se transmiten a través de la orina y de la saliva.

Síntomas: periodo de incubación 4-12 días; vómitos y diarrea súbitos debidos a una gastroenteritis (véase pág. 83), más adelante aparece una hepatitis con ictericia (véase pág. 94) y nefritis (véase pág. 95).

Tratamiento: profilaxis mediante la vacunación regular.

Tétanos

Causas: la toxina de la bacteria *Clostridium tetani*, que se encuentra en la tierra y entra al organismo a través de heridas abiertas.

Síntomas: periodo de incubación 5-14 días; la piel de la cabeza forma pliegues sobre la frente, los perros son incapaces de ingerir agua o alimentos, y al avanzar la enfermedad presentan un paso rígido y una posición de caballete.

Tratamiento: tranquilidad y alimentación forzosa; el veterinario puede realizar un tratamiento con penicilina y antisuero. Como profilaxis, cualquier pequeña lesión del perro debería limpiarse y cuidarse adecuadamente.

Borreliosis

Causa: *Borrelia burgdorferi*; son bacterias transmitidas por picadura de garrapata.

Síntomas: periodo de incubación de semanas a meses; paso rígido con las patas muy separadas y lomo arqueado debido a la inflamación articular (véase pág. 112).

Tratamiento: debe realizarlo el veterinario con los antibióticos adecuados; colocar al perro un collar antiparasitario como profilaxis.

Ehrliquiosis

Causa: *Ehrlichia canis*; bacterias transmitidas por la picadura de garrapatas, especialmente en la zona mediterránea.

Síntomas: el periodo de incubación es de 5-21 días; los perros presentan una importante pérdida de peso, ganglios linfáticos aumentados de tamaño y anemia (véase pág. 125).

Tratamiento: por parte del veterinario con los antibióticos adecuados; como profilaxis tratar al perro con insecticidas.

Brucelosis

Causa: *Brucella canis*; son bacterias que se transmiten a través de las secreciones vaginales.

Síntomas: aborto en la hembra preñada; en los machos prostatitis (véase pág. 99) u orquitis (véase pág. 98). La enfermedad puede provocar infertilidad.

Tratamiento: debe realizarlo el veterinario utilizando los antibióticos adecuados.

Toxoplasmosis

Causa: *Toxoplasma gondii*, el cual se transmite por las heces de gato o por la ingestión de carne cruda.

Síntomas: generalmente, en los perros viejos no se presentan síntomas de la enfermedad; en los perros jóvenes puede producir una neumonía (véase pág. 76) o una encefalomielitis (véase pág. 118).

Tratamiento: como medida preventiva, no dar carne cruda al perro y mantenerlo alejado de las heces de gato.

CAPÍTULO 7

Intoxicaciones

Ejemplos de intoxicaciones típicas

Sustancia activa	Causa	Síntomas principales
Cumarina	venenos para ratas y ratones	hemorragias en las mucosas, diarrea y vómitos de sangre, orina sanguinolenta
Arsénico	veneno para ratas y ratones, medicamentos, colorantes	vómitos, diarrea, calambres musculares
Estricnina	veneno para ratas y ratones, medicamentos	temblor, convulsiones, disnea
Talio	veneno para ratas y ratones	vómitos, diarrea, parálisis, caída del pelo
Organofosfato Carbamato	insecticidas (medicamentos, collares)	vómitos, diarrea, convulsiones
Metaldehído	veneno para caracoles, alcohol seco	salivación, vómitos, convulsiones
alfa-naftil tiourea (ANTU)	veneno para ratas y ratones	secreción ocular y nasal, tos, disnea

Las intoxicaciones pueden provocar enfermedades de evolución grave e incluso con resultado de muerte. En primer lugar, el veterinario intenta mantener las funciones vitales como la respiración y el sistema cardiorrespiratorio, así como acelerar la eliminación del veneno del organismo.

Desgraciadamente, sólo existen antídotos para la minoría de los venenos. Por este motivo, las medidas preventivas, es decir, el evitar la ingestión del tóxico, son muy importantes. ¡Mantener las sustancias químicas como los productos de limpieza, los tintes, los venenos para ratas, los granos para caracoles, los insecticidas, los derivados del alquitrán o los anticongelantes en un armario cerrado!

Los medicamentos deben guardarse en un botiquín y no estar sueltos por la casa.

Acostumbre a su perro desde muy pequeño con medidas educativas a no comer nada que esté en el suelo, tanto durante los paseos como en el jardín o en la vivienda.

No administre nunca a su perro medicamentos destinados al consumo humano sin consultar antes con su veterinario, ya que lo que es beneficioso para el hombre puede ser perjudicial para el organismo del perro debido a los distintos procesos de asimilación y eliminación.

Tampoco debe variar nunca por su cuenta las dosis de los medicamentos prescritos por el veterinario a su perro. Cuando utilice insecticidas, ya sea en forma de polvo o en forma de friegas o baño, siga siempre con exactitud las instrucciones de uso que le indican.

Hay que eliminar las plantas tóxicas de la vivienda y el jardín, p. ej. las solanáceas, los aligustres, el boj, los tejos, los codesos, los muguetes, los arones, las adelfas, la hiedra, los filodendros y las calas.

Si la sustancia tóxica se toma por vía digestiva, es decir, se come o se lame, aparece un aumento de la salivación, vómitos o diarrea. Según el tipo de tóxico, posteriormente puede aparecer disnea, síntomas de shock o ataques convulsivos hasta parálisis. Algunas intoxicaciones no tienen una evolución tan grave cuando se han ingerido sólo pequeñas cantidades, aunque en estos casos también pueden aparecer lesiones hepáticas y renales, ya que estos dos órganos son los encargados de procesar y eliminar la sustancia tóxica.

CAPÍTULO 8

Enfermedades de los perros jóvenes

Los perros jóvenes son especialmente susceptibles a las infecciones.

Existe un gran número de enfermedades que aparecen poco después del nacimiento o en los primeros meses de vida. A este grupo pertenecen todas las malformaciones como las del corazón, las de los vasos sanguíneos (véase pág. 72) o las hernias (véase pág. 86) y la criptorquidia (véase pág. 98). Los trastornos metabólicos congénitos como la enfermedad de acumulación de cobre (véase pág. 93) y la hipofunción pancreática (véase pág. 95) no presentan sus efectos hasta la edad de uno o dos años.

El sistema óseo de los perros jóvenes, que se desarrolla durante la época de crecimiento, está especialmente en peligro. Excluyendo las enfermedades congénitas como la DC (véase pág. 114), la luxación rotular (véase pág. 114), la necrosis de la cabeza del fémur (véase pág. 114), la alimentación deficiente o las sobrecargas erróneas del perro pueden provocar la aparición de raquitismo u osteodistrofias (véase pág. 108).

Los perros jóvenes son especialmente susceptibles a las enfermedades infecciosas como el moquillo, la parvovirosis, la hepatitis contagiosa canis, la leptospirosis y la tos de las perreras (véase pág. 127 en adelante). Por este motivo, quiero volver a hacer hincapié sobre la necesidad de la vacunación, también para la madre.

La hembra puede transmitir parásitos intestinales (véase pag. 94) tales como ascárides y anquilostomas a los cachorros, que pueden enfermar gravemente. Por este motivo, en los perros jóvenes es necesario realizar una correcta cura antiparasitaria de forma regular.

Desgraciadamente, en los perros jóvenes también se observan con frecuencia trastornos causados por tragar cuerpos extraños (véanse págs. 81, 82). En esta fase de la vida de su perro, usted como propietario puede ayudar mediante la aplicación de las medidas educativas y alimentarias adecuadas, así como poniendo a disposición del perro los juguetes adecuados, y evitando el juego con objetos como pequeñas pelotas, castañas, etc.

CAPÍTULO **9**

Enfermedades de los perros viejos

Un perro viejo necesita más cuidados.

Las razas de perros grandes maduran más tarde pero envejecen antes que los de las razas de perros pequeños. Así pues, a partir de los siete años de vida, como propietario debe contar con el inicio del proceso de envejecimiento y con la aparición de enfermedades determinadas por la edad, aunque sepa de perros que han vivido hasta 30 años.

En los perros viejos aparecen con mayor frecuencia enfermedades cardíacas (véase pág. 71), renales (véase pág. 95) y cistitis (véase pág. 96). Son frecuentes los tumores cutáneos (véase pág. 66), así como de los órganos internos y, desgraciadamente, con frecuencia son malignos. Asimismo, en los perros viejos se observa un aumento de los trastornos hormonales. A este grupo pertenecen la diabetes mellitus (véase pág. 124) y el síndrome de Cushing (véase pág. 124).

Los síntomas de desgaste de la dentadura acaban en una parodontosis (véase pág. 79) y en inflamaciones de la raíz dentaria (véase pág. 80). Por este motivo, el cuidado dental regular es especialmente importante en los perros viejos. En ellos también, los trastornos del sistema óseo, que pueden ser congénitos, provocan la aparición de artrosis (véase pág. 112).

Equivalencia de los años caninos en años humanos

Años caninos	Años humanos correspondientes en razas pequeñas y medianas	en razas grandes
uno	15	12
dos	24	19
cada uno de los siguientes	+4	+7

Con la edad, en las hembras aparecen especialmente metritis (véase pág. 101), tumores mamarios (véase pág. 103) y vaginales (véase pág. 102).

Por su parte, los machos viejos padecen enfermedades prostáticas (véase pág. 99) y tumores testiculares (véase pág. 98).

Desgraciadamente, en muchos perros se observa un aumento de peso a medida que envejecen. En la mayoría de los casos, la explicación de este hecho es sencilla: menos movimiento y la misma ingesta de alimentos. Tenga en cuenta que el sobrepeso sobrecarga al organismo, precisamente en el perro envejecido, y puede provocar enfermedades o bien aumentar los síntomas de una enfermedad ya existente.

Bibliografía

El veterinario siempre será el mejor amigo de nuestro perro.

ALDERTON, David: Perros. Ediciones Omega, S.A. Barcelona, 1994.

BAUMANN, Doris: Guía del perro joven. Ediciones Omega, S.A. Barcelona, 1993.

BAUMANN, Doris: El perro. Ediciones Omega, S.A. Barcelona, 1993.

BECKMAN, Gudrun: El perro fiel. Cómo conseguirlo. Ediciones Omega, S.A. Barcelona, 1995.

BEUTTLER-DEHNEL, Susan: El Yorkshire terrier. Ediciones Omega, S.A. Barcelona, 1993.

BREHM, Helga: El perro. Cómo alimentarlo correctamente. Ediciones Omega, S.A. Barcelona, 1995.

BREHM, Helga: Nuestro perro está enfermo. Ediciones Omega, S.A. Barcelona, 1995.

EGERTON-JONES, Susan: Guía de bolsillo de los perros. Ediciones Omega, S.A. Barcelona, 1993.

FLAMANG, Inga: West Highland white terrier. Ediciones Omega, S.A. Barcelona, 1994.

FOGLE, Bruce: El perro. Manual de adiestramiento. Ediciones Omega, S.A. Barcelona, 1994.

FOGLE, Bruce: Enciclopedia del perro. Ediciones Omega, S.A. Barcelona, 1996.

KEJCZ, Yvonne: Cómo hablar con su perro. Ediciones Omega, S.A. Barcelona, 1995.

KEJCZ, Yvonne: Nuestro perro envejece. Ediciones Omega, S.A. Barcelona, 1995.

KRÄMER, Eva-Maria: Guía de las razas de perros. Ediciones Omega, S.A. Barcelona, 1992.

KRÄMER, Eva-Maria y FELDHOFF, Martina: El Collie y el Sheltie. Ediciones Omega, S.A. Barcelona, 1993.

KRÄMER, Eva-Maria y WINNIG, Marie Luise: El Pastor alemán. Ediciones Omega, S.A. Barcelona, 1994.

MIDDELHAUFE, Sabine: Los primeros meses de nuestro perro. Ediciones Omega, S.A. Barcelona, 1995.

MIOULANE, Patrick: Cómo educar a su perro. Ediciones Omega, S.A. Barcelona, 1994.

MIOULANE, Patrick: Cómo elegir a su perro. Ediciones Omega, S.A. Barcelona, 1994.

RICHTER, Marion y Wilhelm: Los Spaniels. Ediciones Omega, S.A. Barcelona, 1995.

SCHLEGL-KOFLER, Katharina: Los Retriever. Ediciones Omega, S.A. Barcelona, 1995.

SCHMIDT-DUISBERG, Kurt: El Teckel. Ediciones Omega, S.A. Barcelona, 1993.

SCHRITT, Ingeborg y Eckhard: Los Lebreles. Ediciones Omega, S.A. Barcelona, 1993.

SCHWOYER, Hilde: Los Setters y el Pointer. Ediciones Omega, S.A. Barcelona, 1993.

TAYLOR, David: Guía del perro. Ediciones Omega, S.A. Barcelona, 1991.

WIMMER-KIECKBUSCH, Karin: Enseñe a jugar a su perro. Ediciones Omega, S.A. Barcelona, 1995.

Índice alfabético

A

B

C

D

E

F

G